U0381985

　　本书得到中央高校自主创新后期资助项目"绿色发展视角下海洋油气资源开发的生态补偿机制研究"（17CX05007B）、山东省社会科学规划项目"山东省油气资源绿色开发的环境监管研究"（16CJJ44）和青岛市社会科学规划项目"青岛市海洋经济发展的财政政策研究"（QDSKL1801044）的资助

Research on the Eco-compensation Mechanism of
Marine Oil and Gas Resources Development

海洋油气资源开发的
生态补偿机制研究

刘　慧●著

中国社会科学出版社

图书在版编目(CIP)数据

海洋油气资源开发的生态补偿机制研究/刘慧著. —北京：
中国社会科学出版社，2020.1
ISBN 978 - 7 - 5203 - 5404 - 2

Ⅰ.①海… Ⅱ.①刘… Ⅲ.①海上油气田—资源开发—生态环境—
补偿机制—研究 Ⅳ.①X741

中国版本图书馆 CIP 数据核字(2019)第 233146 号

出 版 人	赵剑英
责任编辑	李庆红
责任校对	杨 林
责任印制	王 超

出 版	中国社会科学出版社
社 址	北京鼓楼西大街甲 158 号
邮 编	100720
网 址	http://www.csspw.cn
发 行 部	010 - 84083685
门 市 部	010 - 84029450
经 销	新华书店及其他书店

印 刷	北京明恒达印务有限公司
装 订	廊坊市广阳区广增装订厂
版 次	2020 年 1 月第 1 版
印 次	2020 年 1 月第 1 次印刷

开 本	710×1000 1/16
印 张	13
插 页	2
字 数	202 千字
定 价	59.00 元

凡购买中国社会科学出版社图书，如有质量问题请与本社营销中心联系调换
电话：010 - 84083683
版权所有 侵权必究

目　　录

第一章　绪言

第一节　研究背景与意义

一　研究背景

海洋油气资源的开发具有广阔前景和重要意义。21世纪是海洋世纪，我国海洋油气资源丰富，目前海洋油气生产已接近海陆油气产量的一半，是今后潜在油气资源的重要源泉，海洋油气资源开发成为国家能源战略和海洋战略的重点。《中国海洋油气资源开发现状与未来前景预测报告（2018版）》显示：全球油气最终可采资源量分别为4138亿吨和436万亿立方米。陆地油气资源储量分别为2788亿吨和296万亿立方米，已探明储量约占75%和58%；海洋油气资源储量分别为1350亿吨和140万亿立方米，已探明储量约占28%和29%。在经济发展、人口增长和资源环境的多重约束下，陆地油气资源日渐供不应求，加强海洋油气资源的开发已经成为保障我国能源供应安全和推动国民经济发展的必然选择。

在海洋油气资源开发利用带来巨大的经济和社会效益的同时，随着开发力度的日益加大，海洋油气资源的日常开发和突发性溢油事故造成的海洋生态损害呈加重趋势。据近3年的统计，我国每年发生数十起海洋油气开发污染事故，每年有10万多吨以上的石油流入海洋，渤海和东海石油污染比较严重。海洋油气资源的过度开发利用和重大的海洋溢油污染事故甚至造成不可逆转的海洋生态损害。

为此，生态补偿和环境保护的重要性应引起国家高度重视。如何协调海洋油气资源开发与海洋生态环境的关系，在海洋经济快速发展过程中，推进海洋生态环境保护与建设，对过度开发乃至破坏的海洋生态环境给予补偿，成为当前我国海洋生态文明建设进程中不容回避和亟待解决的重要问题。不仅如此，新常态下中国经济发展的新动力要求改变以资源耗费、环境污染、生态损害为代价的粗放型经济增长模式；"十二五"规划纲要和党的十八大报告中均明确提出"提高海洋资源开发能力，推进海洋经济发展，保护海洋生态环境"和"建立体现生态价值和代际补偿的资源有偿使用制度和生态补偿制度"；党的十九大报告也进一步明确指出"建立市场化、多元化生态补偿机制"。海洋油气资源开发生态补偿机制已成为我国生态文明建设的必然要求，也是促进我国经济绿色发展、资源合理开发和生态环境有效保护的重要途径。

然而，由于海洋油气资源的公共物品性、外部性、功能价值评估的复杂性以及生态保护的结构性政策缺位，海洋油气资源开发中存在市场失灵和政府失灵。近年来，随着海洋溢油污染事故的频繁发生，海洋油气资源开发生态补偿在补偿价值评估、补偿机制设计和补偿机制实施方面的现实困境进一步凸显。如何分情景、分类型地评估海洋油气资源开发的生态补偿价值，提高补偿标准的可操作性？如何形成补偿机制的有效设计，明确界定补偿机制的构成要素，协调补偿过程中利益相关者的责权利关系？如何发挥政府、市场、社会多元主体的合力作用，促进生态补偿的市场化和多元化？这些现实问题的存在制约了我国海洋油气资源开发生态补偿的有效性和可行性，这些问题的解决成为我国海洋油气资源开发生态补偿机制研究的重要方向。

基于上述背景与问题，本书以海洋油气资源开发的生态损害分析为切入点，紧密结合海洋油气资源开发的过程和生态损害的特点，以分情景、分类型的海洋油气资源开发生态补偿价值评估为核心，在形成补偿机制的有效设计和明确界定构成要素的基础上，最终加强政府、市场和社会的协同作用，从财政支持、市场运作、多元监管、法律保障方面提出生态补偿机制实施的具体路径。沿着"评估—设计—实施"的思路,深入研究海洋油气资源开发的生态补偿机制,以期在促进海洋经济发展的同时实现海洋资源环境的有效保护。

二　研究意义

丰富的海洋油气资源成为海洋经济和能源经济的重要支撑。然而,伴随着经济的纵深发展,海洋油气资源的日常开发排污及突发性溢油事故造成的生态损害,直接影响了资源环境的可持续发展。海洋油气资源开发的生态补偿不仅成为污染防治和环境保护的关键,而且成为协调经济发展与海洋生态环境保护的重要选择。系统研究海洋油气资源开发的生态补偿机制具有重要的理论意义和现实意义。

（一）理论意义

1. 将海洋油气资源开发造成的生态损害区分为日常开发和突发性溢油事故两类不同的生态损害情景,并根据每类情景下不同的生态损害类型,评估海洋油气资源开发的生态补偿价值,为不同生态损害情景和类型下的生态补偿研究提供有效的理论范式。

2. 紧密结合海洋油气资源开发的特点,进行补偿机制的具体设计,明确界定海洋油气资源开发生态补偿机制的构成要素,揭示利益相关者的责权利和博弈关系,形成补偿机制的流程,丰富了生态补偿机制研究的理论内容。

（二）现实意义

1. 明确界定海洋油气资源开发生态补偿机制的补偿主体、补偿方式、补偿手段和补偿标准等构成要素,有利于协调补偿主体间的责权利关系,规范补偿方式和手段的作用边界,有效规制海洋油气企业的资源开发活动和政府部门的管理活动。

2. 根据日常开发和突发性溢油事故不同生态损害情景下的具体生态损害类型,进行模型构建和案例研究,分情景、分类型评估海洋油气资源开发的生态补偿价值,有利于破解生态补偿价值难量化的现实困境,提供生态补偿价值评估的模型参考和案例借鉴,切实推进海洋油气资源开发的生态补偿。

3. 从海洋油气资源开发生态补偿的"评估—设计—实施"三个层面，系统建设海洋油气资源开发的生态补偿机制，有利于为相关部门提供政策制定和决策执行的理论依据，指导海洋油气资源开发生态补偿的实践活动，有效促进海洋资源的绿色开发和海洋生态环境的科学保护。

第二节　国内外研究现状

随着社会经济的迅速发展和生态环境损害的加剧，生态补偿已成为社会各界广泛关注的热点问题。与此同时，理论界也围绕生态补偿的价值评估、生态补偿机制的设计和实施进行了相关研究，为本研究提供了重要的理论依据。

一　生态补偿价值评估的研究

国内外学者对生态系统服务的分类和补偿价值的评估方法进行了长期探讨。

（一）国内外学者对生态系统服务的分类由众说纷纭到形成主流认识，早期生态补偿的价值评估方法主要采用直接市场法和间接市场法。Costanza 等（1997）首次提出了海洋生态系统服务的类型和市场替代法、旅游费用法等评估方法，为补偿评估的研究奠定了理论基础。欧阳志云、王效科和苗鸿（1999）在深入分析生态系统服务功能的基础上，在国内较早运用损益分析法、影子价格法和替代工程法等方法评估了我国生态系统服务的间接经济价值。2001 年 6 月，联合国"千年生态系统评估"项目将生态系统服务分为"供给、调节、支持、文化"四类二十四种，确立了生态系统服务的分类体系，获得普遍认可。Johst 等（2002）基于对分物种、分功能的生态付费的时空因素考虑，构建了一套生态经济模型程序，为开展生态补偿工作提供了计量依据。刘文剑、孙吉亭和薛桂芳（2006）分别从海洋资源和海洋环境两个角度给出了海洋资源价值补偿的计算公式和环境开发使用补偿费的核算方法。Brian 和 William（2006）通过恢复费用法测算石油泄漏对生态损害的补偿价值，然而其结果是对生态系统服务价值的最低估价。

（二）在对生态系统服务的主流分类和一些较常用的评估方法的基础上，国内外学者对评估指标进一步细化，对一些评估方法也进行了改进与创新，并且开始关注生态补偿的支付意愿和时空配置问题。Moran 等（2007）对苏格兰地区受损居民的补偿支付意愿开展问卷调查，并使用层次分析法 AHP 和选择实验来确定公众偏好和支付意愿。李国平、刘治国和赵敏华（2009）测算了非再生能源开发造成的生态环境损失，发现意愿调查法和直接市场法的测算结果可相互印证和支持。张思锋、权希和唐远志（2010）为提高 HEA 方法在生态补偿方面的适用性，对 HEA 方法的部分参数进行了修改和完善，并以我国的煤炭开采为例，验证了 HEA 方法的可行性。吴文洁和常志风（2011）运用市场价值法、恢复成本法和机会成本法对油气资源开发生态补偿中的生态破坏损失、环境污染损失和发展机会损失进行补偿，并通过里昂惕夫投入产出模型进行分析发现这一补偿模型的可操作性较强。Ejsmont（2012）提出包含 15 项指标要素的生态补偿价值评估体系，计算生态资源的补偿额度。陈尚、任大川和夏涛等（2013）在海洋生态理论框架体系下，针对我国近海生态系统服务的开发与利用情况，建立了海洋生态系统服务的评估框架和指标。黄庆波、戴庆玲和李焱（2013）提出海洋油气资源开发的生态补偿模型框架和生态补偿的衡量指标。Costanza 等（2014）根据损害项目的性质和特点将生态、损害补偿价值分为清除和防污措施费用、间接损失和纯经济损失、自然损害三大类进行估算。谢高地（2015）改进了当量因子的静态评估方法，探讨了单位面积价值当量因子法的动态评估办法在生态系统服务价值上的运用。赵志刚、余德和王凯荣（2017）通过 GIS 技术和生态价值评估模型的交叉使用，深入揭示了 2008—2016 年鄱阳湖生态经济区生态系统服务价值的时空配置和动态变化过程。郝林华、陈尚和夏涛等（2017）通过编制山东近海海域生态价值基准值表、生态损害系数表以及补偿系数表，对海洋生物资源和海洋生态系统服务方面进行海洋生态损害的补偿评估。

（三）对国内外关于海洋溢油事故的生态补偿价值评估研究现状进行系统梳理：突发性海洋溢油事故相比于日常开发的生态损害，具有快速蔓延性、低可控性和高危害性，因此，除了对海洋油气资源日常开发的生态损害补偿价值评估外，还应关注突发性海洋溢油事故的生态损害补偿价值评估。国外在溢油损害方面的研究起步较早，美国的自然资源损害评价程序（NRDA）是世界上发展较为完善的评估技术，主要的评估方法有经验公式法、计算机模型法和等价分析法，并且依据 NRDA 建立了华盛顿评估公式、佛罗里达评估公式，评估结果可作为溢油应急处置和决策的重要依据，但是这些经验公式的评估结果准确度较低，适用于快速评估中小型溢油造成的生态损害。Mccay 和 Isaji（2004）在美国国家海洋和大气管理局综合 Type A 和 Type B 两种模型的基础上提出了 NRDA 的一种简化模型——SIMAP 模型。该方法建立在大量数据的基础上，计算精度高，较为准确地估算出受损生物资源的价值。但是，此方法有两个明显的不足：一是所需的数据基础较大，二是不能估算受损生态系统服务功能的价值。为了弥补 NRDA 在估算受损生态系统服务功能价值方面的不足，Allen 等（2005）提出了等价分析法（Equivalency Analysis Method，EAM），此方法有生境等价分析法和资源等价分析法两种主要形式，EAM 首先确定一个真实或模拟的补偿修复工程，再假设补偿修复工程将来提供的服务收益经贴现后与受损服务相等，由此估算补偿修复工程的规模，结合恢复成本确定最终损害价值。高振会、杨建强和崔文林（2005）分析了遥感技术在海洋溢油监测方面的应用，认为溢油生态损失分为环境容量、海洋生态系统服务功能、海洋生物恢复和生境修复等方面，并采用影子工程法和效用函数法、生态服务损失评估法分别对环境容量损失、海洋生态服务功能损失进行评估。国家海洋局以该分类方法为基础，颁布了《海洋溢油生态损害评估技术导则》，但是导则在计算生态服务功能损失时只考虑溢油事故发生后的某一时间点上的生态服务功能损失率，最终导致计算结果不可避免地存在误差。Thur（2007）提出在受损资源的恢复率呈线性变化的假设下，早期形成的传统计算方法会低估资源损失，不足以补偿公众遭受的实际损失，因此将年初与年末的平均损害率作为参数代入原模型，修正了传统的模型。杨寅、韩大雄和王海燕（2011）运用生境等价分析法评估了海洋溢油造成的生态损害程度和生态补偿价值。李京梅和王晓玲（2012）采用资源等价分析法构建溢油海洋生态损害评估的模型，改善了溢油损害的动态评估。Depellegrin 和 Blazauskas（2013）基于生态系统服务的评估模型，采用旅游成本、收益转移和直接市场定价等经济评价方法，强调沿海资源的货币损失主要取决于石油类型、影响区域、气象条件，特别是海洋环境中污染物的扩散。胡恒（2014）提出基于能量分析方法的溢油损失评估模型，有助于近期损失评估，对于中远期的损失以及恢复措施还有待研究。李亚燕（2015）利用海洋溢油快速预评估模式和资源等价分析法量化评估溢油事故对渤海海洋生态服务功能造成的价值损失。Cabral 等（2016）将 HES 方法与 GIS 技术相结合，综合生态环境和社会经济的各类指标，评估法国圣马洛海湾建立海藻养殖场的补偿成本。许志华、李京梅和杨雪（2016）对生境等价分析法传统模型进行改进，为其他海洋生态损害评估提供参考。Tiquio（2017）主张对溢油污染事故产生的人身健康、财产损害的赔偿以及资源环境恢复，按照美国的自然资源损害评估办法进行价值评估。

综上所述，国内外学者对生态补偿价值评估的方法日趋丰富多样，应用范围日趋广泛，前人的研究成果为研究提供坚实基础的同时，也为研究提供了拓展空间。

（1）综观国内外关于不可再生资源生态补偿的研究文献多集中在油气资源生态补偿和海洋生态补偿的大类研究中，缺乏对大类的具体细分，造成生态补偿内容的笼统化，欠缺区分度。对于油气资源生态补偿和海洋生态补偿的交叉融合点——海洋油气资源生态补偿方面的研究文献鲜见，以海洋油气资源开发生态补偿机制为特定研究对象的论述相对缺乏，为本研究提供了发展空间。

（2）补偿价值评估作为生态补偿机制的核心，现有研究形成了主流的生态系统服务分类体系和一些日渐成熟的评估方法。但如何分情景分类型评估海洋资源开发的生态补偿价值，提高评估的可操作性和执行性方面还存在很大的研究空间。

（3）国内外学者普遍赞同溢油造成"海洋环境容量、海洋生态系统服务功能、海洋生物恢复、海洋生境修复"方面的损害。但在中远期损失的生态修复、生态损害的动态评估、生态服务水平变化速率和生态损害系数的确定方面还存在模糊和不确定性，需要考虑适用情景和补偿类型的差异性。

因此，本书首先将海洋油气资源开发生态补偿区分为日常开发和突发性溢油事故两种不同的生态损害情景进行评估，构建相应的评估指标框架，提出相应的评估方法和模型，并以 2011 年渤海 19-4 日常开发和 19-3 突发性溢油这两类不同生态损害情景的油田项目进行典型案例研究，以期提高评估方法和模型的应用性。其次，基于动态损害分析的思想，综合使用等价分析法和其他多种评估方法，针对突发性溢油事故的不同生态损害类型进行补偿价值的动态评估。明确海洋溢油生态损害的补偿价值评估指标，然后综合运用 REA、HEA、直接统计法、市场价值法、影子工程法等评估方法，并借鉴 REA 中生物资源的损害率随时间动态变化的思想对市场价值法进行优化。

二 生态补偿机制设计的研究

关于生态补偿机制设计的研究主要集中在构成要素方面。庄国泰、高鹏和王学军（1995）认为生态环境价值损失是生态补偿费制定的依据，并分析了生态环境补偿费的征收对国民经济和人民生活的影响。Cuperus 等（1999）强调生态补偿的支付主体是政府，政府购买是主要模式，但对于其他补偿主体和方式未涉及。毛显强、钟瑜和张胜（2002）深入分析了生态补偿的方式，具体包括财政补贴、补偿税费、信贷优惠、生态保证金、国内外基金和交易制度。Elliott 等（2004）强调海洋生态的可持续性，将生态补偿分为经济补偿、资源补偿和生境补偿。韩秋影、黄小平和施平（2007）分析了海洋生态补偿的利益相关者、补偿强度和补偿类型。丘君、刘容子和赵景柱等（2008）从构成要素方面提出了海洋生态补偿机制的具体设计，通过分析海洋生态系统服务的变化对利益相关者的影响来确定补偿的主客体。贾欣、王淼（2010）深入分析了海洋生态补偿的主体、对象、方式、手段和标准等方面，提出构建海洋生态补偿机制的初步设想。崔凤、崔姣（2010）认为海洋生态补偿的内容包括污染破坏者对生境和资源的补偿、对付出代价或做出贡献者的补偿。郑伟（2011）结合海洋的特点和实践，综合考虑生态补偿的原则、分类、标准和方式，构建了海洋生态补偿的技术体系。Woo 等（2014）认为生态补偿方式包括生态修复、生境建设和对海洋生态环境功能的补偿。黄秀蓉（2015）主张海洋生态补偿主体、方式、阶段、层次的多维化。谢高地和曹淑艳（2016）指出生态补偿模式最常用的分类为政府主导模式、市场化运作模式以及二者混合的模式。张玉强和张影（2017）基于利益相关者理论，深入分析了海洋生态补偿机制的利益相关者和各利益相关者的利益需求。李国平和刘生胜（2018）主张相关补偿政策在设计时应以科学定义的生态补偿为依据，建立起与环境保护政策相区别的生态补偿政策架构，强调生态补偿政策设计的阶段性。

综上所述，国内外关于生态补偿机制设计的研究尽管起步时间不同，但都从理论层面对基本的构成要素如主体、客体、方式、手段和标准进行了研究。在给本研究产生启发的同时，也存在以下完善空间。

（1）现有研究关于海洋生态补偿机制的主体、对象、标准和途径等诸要素的研究分散在不同学者的研究中，从构成要素方面对海洋生态补偿机制的设计进行系统性研究还有待深入。

（2）现有研究多侧重于补偿机制设计和构成要素应然层面的理论分析，对补偿主体、方式、手段、标准等要素的分析丰富且深入。但这些要素的法律规范性和可操作性有待加强，补偿主体间的责权利关系、补偿标准、补偿方式和手段的作用边界亟须明确界定和法律规范，防止补偿的随意性和补偿性质的变异。

（3）构成要素作为生态补偿机制设计的载体，涉及利益相关者的责权利关系、补偿标准的确定、补偿方式和补偿手段的运用，但这些要素在现实中容易由于利益方的利益需求不同而颇具争议性，补偿主体间的利益博弈关系有待揭示。

因此，在前人的研究基础上，本书将明确生态补偿机制的设计，揭示构成要素间的相互关系，将生态补偿机制作为系统工程，确立补偿流程；针对补偿的现实困境和成因，运用法治思维规范补偿要素的研究，明确界定海洋油气资源开发生态补偿主体的权利义务关系、补偿标准，规范补偿方式和手段；深入揭示利益相关者的利益博弈关系，提出协调利益关系的对策。

三 生态补偿机制实施的研究

国内外学者从政府或市场方面探讨了生态补偿机制的实施问题与路径。1992 年以"生态补偿"为主题的世界环境发展会议，达成了以下共识：财政政策、生态补偿税费对生态补偿和环境保护至关重要。Kumari（1997）认为生态补偿资金有效利用的关键是解决好生态补偿资金的分配问题。Pagiola 和 Landell（2002）强调生态补偿市场化机制的运作，更有效地实现资源的优化配置。曹明德（2004）从法律保障的角度，主张自然资源的受益人需要对自然资源所有权人支付相应的费用，亟须建立自然资源有偿使用的法律制度。Kumar（2005）认为政府应作为生态服务付费的主要购买者以及私营支付的引导者，规范生态服务市场。王淼和段志霞（2007）从补偿对象、补偿方式和资金来源方面提出建立海洋生态补偿机制，有效区分了经济补偿、资源补偿和生境补偿这三种方式。韩洪霞和张式军（2008）建议明确界定生态补偿的标准和方式，为增加补偿资金，可考虑征收环境税和资源税。尹春荣（2008）从政府的宏观调控、法制建设方面阐述生态补偿机制运行的保障措施。Robin 等（2010）主张国家财政设计一个框架来决定何时实施收费制度为最优，以保障资金的征收与运用。冯凌（2010）在产权"交易费用"的理论基础上，认为财政转移支付虽然是我国主要的政府补偿方式，发挥了重要作用，但也会出现补偿额度不能反映真实意愿、补偿资金缺乏监管、资金运用低效率等弊端。范红红（2011）系统分析了海洋油气产业规制中的生态补偿评估、营运、政府监管和生态预警机制。王金坑、余兴光和陈克亮等

（2011）系统研究了海洋生态补偿的隶属和资金渠道问题，发现海洋环境保护法律缺乏对海洋生态补偿标准强有力的规范和保障，阻碍了海洋生态补偿的实践活动。Matthew等（2011）研究了区域间的生态补偿转移支付和生态系统保护的两种手段。Robert等（2012）以哥斯达黎加的政府付费为例，认为财政补贴是必要的，但应尊重市场规律。宫小伟（2013）从产权界定、多元融资、绿色认证和科技创新方面分析现行海洋生态补偿的管理问题，并有针对性地提出完善政策。郑冬梅（2014）认为目前的海洋生态补偿机制缺乏对补偿的监督—评估—反馈环节，亟须优化和完善海洋生态补偿机制的框架。Anabel和Jaime（2015）从波特假说出发，根据西班牙的情况研究了动态面板数据，得出征收绿色环境税和加强监管对生态补偿的作用。张晏（2016）分析了生态补偿实施的制约因素是生态系统服务提供者的财产使用权、透明度、附加目标、商业和技术支持等，以及事后的监督与评估。沈满洪（2017）认为生态补偿应从政府补偿拓展到市场补偿，从模糊补偿拓展到精准补偿。Niner等（2017）认为海洋生态补偿资金主要来源于三种渠道：一是由相关海洋保护专项资金支持的公共资金，二是用海主体直接出资的私人资金，三是通过生境银行实施的第三方借贷。张兰婷和倪国江（2018）主张借鉴美国、英国和日本的经验，提出建立全国统一高级别的协调与管理机构，监督管理海洋生态补偿机制的有效实施。

综上所述，关于海洋油气资源开发生态补偿机制的实施研究，国内外学者主要在资金的来源和使用、政府补偿和市场补偿的各自作用方面进行了研究，但对于如何发挥政府、市场和社会公众多元主体的合力作用，还有待研究。

（1）国际上生态补偿侧重于整合社会资源，构建全民参与的补偿模式，如比较成熟的政府补偿、产权清晰的市场化补偿和公众参与补偿等，这对本书生态补偿机制的实施研究形成启发。

（2）关于生态补偿机制的实施，现有研究提出了很多具体的对策，但主要集中在政府或市场的单向作用方面。关于如何整合社会资源，推广市场化、多元化的补偿模式，尚需深入研究。

（3）现有研究提出了很多具体的对策，但主要集中在政府和市场的一贯作用方面，关于如何分阶段有引领地提出政府、市场和社会的不同作用，强化对策的适用性和区分度，此类研究还亟待开展。

因此，本书从强调政府或市场的单向作用转向发挥政府、市场和社会多元主体的合力作用。从财政支持、市场运作、多元监管和法律保障多方面提出海洋油气资源开发生态补偿机制的实施路径。

第三节　研究目标与研究内容

一　研究目标

总体目标：从"评估—设计—实施"三个层面循序渐进地完善海洋油气资源开发的生态补偿机制。目标具体分解为如下三个。

（1）分情景分类型进行海洋油气资源开发生态补偿的价值评估，是海洋油气资源开发生态补偿机制的"核心"。

（2）形成海洋油气资源开发生态补偿机制的有效设计，明确界定构成要素及相互关系，建构海洋油气资源开发生态补偿机制的"框架"。

（3）着重考虑发挥政府、市场和社会的协同作用，提出海洋油气资源开发生态补偿的实施路径，为海洋油气资源开发生态补偿机制的实施提供保障。

二　研究内容

在客观分析海洋油气资源开发造成的环境污染和生态损害的基础上，深入解决补偿机制的核心问题"海洋油气资源开发的生态补偿价值评估"，明确海洋油气资源开发生态补偿机制的具体设计，最终为保障生态补偿机制的有效运行提供具体的实施路径。研究内容大致分为以下四部分。

（1）客观分析海洋油气资源开发造成的环境污染和海洋生态环境

损害，是生态补偿价值评估的前提。在海洋油气资源开发力度日益加大，能源经济发展迅速的同时，客观分析海洋油气资源开发造成的海洋生态损害。这些损害引起生态资源和生态系统服务的变化，综合运用海洋学、生态学和环境学的多种知识，结合历史数据和相关资料，深入分析这些变化，成为海洋油气资源开发生态补偿价值评估的对象。

（2）分情景分类型评估海洋油气资源开发的生态补偿价值，进行模型构建和案例研究。区分日常开发和突发性溢油事故两类不同情景，对不同生态损害类型进行动态、长效评估，使生态损害得到及时治理和长远修复。相对于日常开发的生态损害，除了运用市场价值法、资源等价分析法、生产效应法、生境等价分析法、影子工程法、机会成本法和疾病成本法对海洋生物资源损失、海洋生态系统服务损失和临海居民发展机会损失进行补偿价值评估外，突发性溢油事故的生态损害补偿需额外考虑应急处置费、清污费、监测调查费、生态修复费用和潜在间接损害的补偿价值评估。并以 2011 年渤海日常开发的 19 - 4 油田项目和突发性溢油事故的 19 - 3 油田项目进行典型案例研究（见图 1 - 1）。

图 1 - 1　我国海洋油气资源开发生态补偿的价值评估框架

资料来源：作者自制。

（3）形成海洋油气资源开发生态补偿机制的有效设计。对海洋油气资源开发生态补偿的主体、标准、方式、手段、流程等基本要素进行法律的规范和界定，并确立各要素在生态补偿机制中的相对位置与相互关系。基于对政府、海洋油气开发企业、受损居民和生态补偿贡献者之间的动态演化博弈模型，对补偿过程中的利益相关者的博弈关系进行深入分析与揭示（见图1-2）。

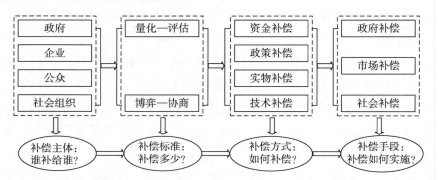

图1-2 我国海洋油气资源开发生态补偿机制的设计框架

资料来源：作者自制。

（4）着重考虑政府、市场和社会的协同，提出海洋油气资源开发生态补偿机制的实施路径。考虑如何发挥政府、市场和社会的协同作用：以市场配置资源为基础，推进市场化交易、融资和奖惩为内容的市场运作；从资金筹集、预算、分配和监督方面构建财政支持的长效制度，解决生态补偿的资金问题；明确界定海洋油气资源开发生态补偿的监管机构和职权划分，从企业、政府和社会多方加强监管；完善海洋油气资源开发生态补偿的法律制度；充分调动社会公众参与生态补偿的积极性（见图1-3）。

第四节 研究方法与技术路线

一 研究方法

（1）情景分析法。有效区分海洋油气资源的日常开发和突发性溢油事故两类不同生态损害情景，对海洋油气资源开发的生态补偿价值

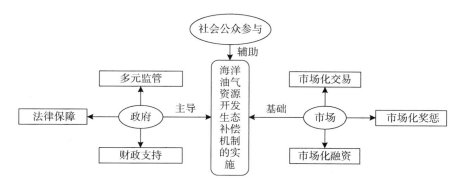

图 1 - 3 我国海洋油气资源开发生态补偿机制的实施路径框架

资料来源：作者自制。

进行评估。通过确立不同生态损害情景、不同生态损害类型对应使用的评估方法，构建相应的补偿价值评估模型。考虑到 REA 模型中涉及的参数较多，参数值的变化会影响补偿修复工程规模，所以对补偿修复工程的各参数的敏感度做了 7 种不同情景的模拟分析，以增强补偿的准确性。

（2）案例研究法。以 2011 年渤海日常开发的渤中 19 - 4 油田项目和突发性溢油事故的蓬莱 19 - 3 油田项目为典型代表进行案例研究，验证和运用不同生态损害情景的补偿价值评估模型。通过实地调研、观察访谈和数据获取，将数据代入两类模型中，分别计算出渤中 19 - 4 日常开发和蓬莱 19 - 3 突发性溢油事故的生态补偿价值。

（3）系统分析法。海洋油气资源开发的生态补偿涉及海洋生态系统服务的价值问题，因此必须运用海洋生态系统服务的理论和方法，以海洋生态系统为整体来分析其服务价值的变化情况。对构成海洋生态系统的内部各要素、层级、结构、功能以及外部环境进行综合分析。从整体与部分、内部系统与外部条件之间相互作用的关系中揭示海洋生态系统服务的类型及海洋生态价值的构成。进而区分不同阶段和不同情景使用合适的评估方法构建评估模型，运用市场价值法、资源等价分析法、生境等价分析法、生产效应法、影子工程法、机会成本法和疾病成本法对生态损害的类型进行生态补偿价值评估。

二 技术路线

综合上述研究思路和研究方法，形成技术路线（见图 1 – 4）。

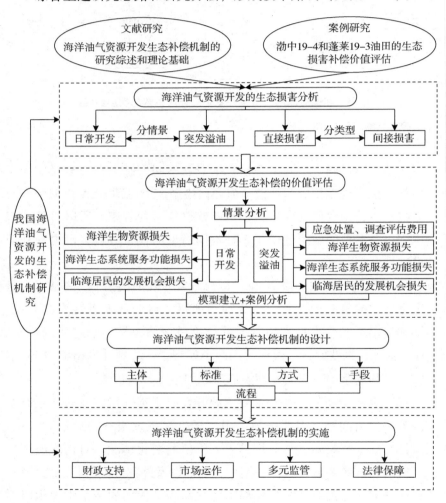

图 1 – 4 技术路线

资料来源：作者自制。

第二章　理论综述

　　海洋油气资源开发生态补偿机制是实现海洋油气资源可持续开发与利用，有效保护海洋生态环境的必然要求。本章旨在通过系统梳理海洋油气资源开发生态补偿的相关理论，为海洋油气资源开发生态补偿机制的研究提供理论依据和指导。

第一节　概念界定

一　海洋油气资源开发的生态损害

　　海洋生态损害是进行海洋油气资源开发生态补偿的原因和前提。根据《中华人民共和国海洋石油勘探开发环境保护条例》的规定："海洋油气资源开发是指海洋油气资源的勘探、开发、生产、储存和管线输送等作业活动。"除去长期的油藏地质研究外，海洋油气勘探开发工程一般要经过地球物理勘探，海洋勘探钻井，海洋油气开发钻井和开发平台的建造、安装、投产，海洋油气集输及油气终端处理等阶段。

　　在海洋油气资源开发过程中虽然有严格的施工作业要求，但仍不能避免对海洋生态环境造成损害。根据《中华人民共和国海洋环境保护法》："海洋生态损害是指直接或者间接地把物质或者能量引入海洋环境，产生损害海洋生物资源、危害人体健康、妨害渔业和海上其他合法活动、损害海水使用素质和减损环境质量等有害影响。"海洋生态损害的产生主要是自然灾害和人为开发所致，前者指由海啸和风暴潮等自然灾害引起，后者主要由各类海洋开发利用活动、突发性的海洋溢油污染事故和陆源污染排放等引起。

海洋油气资源开发的生态损害主要是指海洋油气资源的日常开发和突发性的海洋溢油污染事故造成海洋生物资源的损失、海洋生境的改变和海洋生态系统服务功能的损失。其中，所探讨的海洋油气资源开发的生态损害主要由海洋油气资源的日常开发活动和突发性海洋溢油事故所导致，不包括海洋船舶运输和碰撞产生的溢油污染损害。[①]近年来，随着海洋油气勘探开发力度的日益加大以及沿海经济规模的日趋扩大，日常开发及突发性溢油事故造成的海洋污染和生态损害日益严重。针对海洋油气开发造成的生态损害进行有效的生态补偿，是我国实现海洋经济和生态环境协调发展的重要任务。

二 生态补偿

生态补偿对于进一步推动我国的环境保护与生态建设，维护国家生态安全，促进可持续发展具有重大而深远的意义。对于生态补偿这个概念，基于不同角度学者们的定义有所不同。

从生态学的角度，张诚谦在 1987 年提出生态补偿的概念，"生态补偿是从资源利用产生的经济收益中提取资金，通过物质、能量的方式反哺生态系统"。《环境科学大辞典》将生态补偿定义为："当生态系统或其内部的生物有机体、种群、群落受到干扰时所表现的缓解干扰、进行自我调节以维持生存的能力或还原生态负荷的能力。"

从经济学的角度，毛显强认为生态补偿是"通过对损害（或保护）资源环境的行为进行收费（或补偿），提高该行为的成本（或收益），从而激励损害（或保护）行为的主体减少（或增加）因其行为带来的外部不经济性（或外部经济性），达到保护资源的目的"。李文

---

① 根据《海洋生态损害评估技术导则》，海洋开发利用活动按照用海类型可分为填海造地用海、透水构筑物用海、围海用海、开放式用海等；海洋环境突发事件包括溢油、危险化学品泄漏及其他污染物排放。

华从经济学、环境经济学和生态经济学角度对生态效益补偿进行了综合解析，将生态补偿与生态系统的服务功能相结合，指出生态补偿是通过经济手段协调相关者的利益分配，激励保护生态系统服务功能的行为。这一概念与国际生态系统服务付费（PES）概念相衔接，促进了生态补偿和生态系统服务研究的深度融合。之后，经济手段被人们应用到自然生态补偿的过程中，生态补偿进一步转变为"在综合考虑发展机会成本和生态服务价值的基础上，采取财政转移支付或市场交易等方式，对生态保护者给予合理补偿"。生态建设实践的推进和经济学在生态领域的广泛应用丰富了生态补偿的内涵。

从法学的角度，吕忠梅从狭义和广义层面对生态补偿进行界定。狭义的生态补偿是对由人类活动造成的自然资源和生态环境损害进行治理、修复等活动的总称。广义的生态补偿还应涵盖对因保护环境而付出机会成本的当地居民提供政策、资金、实物和技术的支持，为激励环境保护行为所投入的科研教育经费。

从环境管理和公共政策的角度，王金南认为，"生态补偿是在衡量生态系统服务价值、生态保护成本和机会成本的基础上，通过政府的财税手段和市场经济手段平衡相关者的利益关系，实现经济与环境协调发展的制度安排"。沈满洪强调生态补偿是"通过一定的政策手段实现生态保护外部性的内部化，让生态保护成果的受益者支付相应的费用；通过制度设计解决好生态产品这一特殊公共产品消费中的'搭便车'现象，激励公共产品的足额提供；通过制度创新解决好生态投资者的合理回报，激励人们从事生态保护投资并使生态资本增殖"。

综上所述，关于生态补偿的定义虽未完全统一，但内涵都在于把生态环境外部性内部化，在以下三个方面形成共识：第一，通过生态补偿协调生态环境利用、保护和建设等行为中利益相关者的关系，促进外部效应内部化。第二，通过生态补偿激励各方主体积极促进生态系统服务的永续发展，实现代内和代际公平。第三，生态补偿是一种对具有正外部性的行为进行补偿，对具有负外部性的行为实施收费的手段或制度安排，这是针对生态环境保护者所采取的一条重要原则。

因此，生态补偿是一种综合运用经济、行政、法律、技术等手段协调生态环境利用、保护和建设过程中利益相关者的关系，促进外部成本内部化，以维护和改善生态系统服务功能，实现人与自然、经济与环境可持续发展的行为或制度安排。

三 海洋油气资源开发生态补偿

（一）海洋油气资源开发生态补偿的含义

海洋油气资源开发生态补偿是在国家许可范围内进行海洋油气资源的开发利用，对海洋油气资源的日常开发和突发性溢油事故造成的生态损害，由开发利用者和受益者向海洋生态环境的受损者和保护者提供政策、资金、实物、技术、智力等多种补偿，实现外部性成本的内部化，协调利益分配，促进资源可持续利用和生态环境有效保护的重要途径。

（二）海洋油气资源开发生态补偿的特点

海洋油气资源开发生态补偿强调对生态环境损害进行补偿与修复，既区别于"损害赔偿"，也不局限于海洋油气资源的"耗减补偿"和"经济补偿"。通过比较，海洋油气资源开发生态补偿的特点具体表现为以下几点。

第一，海洋油气资源开发的"生态补偿"不同于"损害赔偿"，除了弥补现实损害外，更强调对生态环境的长效修复和保护。二者的区别体现在：一是从法律权利义务界定的角度，海洋油气资源开发的生态补偿是开发者或受益人有意识的承担生态外部性内部化的成本；而损害赔偿主要是损害义务人被动去承担生态外部性内部化的成本。二是从行为性质上看，损害赔偿是基于直接的侵权损害行为而弥补损失的偿付方式；而海洋油气资源开发的生态补偿是在许可的开发范围内，进行补偿和修复建设。

第二，海洋油气资源开发的生态补偿不局限于对海洋油气的"资源耗减"补偿，而是强调对海洋油气"开发"造成的生态环境损害进行补偿。海洋油气资源开发是一个复杂的动态过程，海洋油气资源开发活动对生态环境的影响贯穿整个开发过程，因而除了对海洋油气资源自身耗减的资源补偿外，还应将由于海洋油气资源的开发导致的生态环境损害纳入生态补偿范围，例如康菲溢油事故的生态补偿。当前我国对资源耗减的补偿通过资源税费体现得比较明显，而对生态环境损害的补偿却很少体现。

第三，海洋油气资源开发的生态补偿不受限于单一的"经济"补偿，而是强调多种补偿方式综合运用的"生态"补偿。二者的差异体现在：一是在补偿目的上，生态补偿旨在修复对海洋生态环境的损害和恢复生态系统功能；经济补偿是为了补偿海洋油气资源的耗竭。二是在补偿方式上，生态补偿除资金补偿外还包括政策、实物、技术和自然修复的补偿；经济补偿以资金补偿为主。

四 海洋油气资源开发生态补偿机制

（一）海洋油气资源开发生态补偿机制的含义

海洋油气资源开发生态补偿机制是指基于海洋油气资源的日常开发和突发性溢油事故造成的生态损害，由支付补偿主体向受偿主体，依据补偿价值评估和博弈协商形成的补偿标准，采取多元化的补偿方式和手段，进行生态损害的补偿和生态环境的长效修复与保护，从而促进外部成本内部化，协调利益分配和明确责任界定，实现海洋资源和生态环境可持续发展的系统性制度设计与安排。

海洋油气资源开发生态补偿机制的预期效果至少包含以下三个方面：第一，使损害海洋生态环境的行为得到应有的惩罚。第二，通过行政、经济、法律、技术等手段的综合运用阻止海洋生态环境损害行为，鼓励各主体承担环境责任，保护生态环境，对于已经造成的生态损害及时进行补偿。第三，平衡海洋油气资源开发利益相关者的利益关系，促进破坏者和受益者付费，保护者和受损者受偿，使海洋生态环境得到治理与修复。

（二）海洋油气资源开发生态补偿机制的性质

首先，海洋油气资源开发生态补偿机制是一种责任约束和承担机制。海洋油气资源开发生态补偿机制通过生态环境外部成本的内部化，遏制开发中的生态环境破坏行为，激励保护行为，促进利益相关方均能够主动承担保护海洋生态环境的责任。主要表现为以下三个方面：第一，国家和政府应健全公共服务体系，积极向全社会提供优质的海洋生态系统公共服务。第二，海洋油气资源开发企业要将海洋生态环境保护纳入日常的决策和管理中，承担日常维护海洋生态环境的职责。第三，社会公众应积极履行保护海洋生态环境的基本责任。海洋油气资源开发生态补偿机制为各主体提供了保护海洋环境的责任约束，有利于海洋资源的合理利用和生态环境的改善。

其次，海洋油气资源开发生态补偿机制是一种利益分配和协调机制。由于海洋生态环境本身和生态损害评估的复杂性，其保护成本和收益分享缺乏一定的经济依据，往往造成破坏者、受害者、保护者、受益者等主体利益分配不均衡，受害者无法得到相应的补偿，破坏者怠于承担支付相应赔偿和修复生态环境的责任。因此，应平衡海洋油气资源开发过程中各主体的利益分配关系，通过开发利用者和受益者实施补偿，保护者和受损者接受补偿，使海洋生态环境得到治理和修复。一方面，将海洋油气资源开发的生态环境成本纳入经济成本收益核算中，以约束和遏制对海洋生态环境的污染破坏行为。另一方面，激励和引导海洋生态环境保护的受益者能够支付一定的费用补偿海洋生态环境保护者的行为。促使保护者的机会成本能够得到相应的补偿和合理的经济、实物报酬，形成海洋生态环境保护的激励机制。

通过海洋油气资源开发生态补偿机制明确利益相关者的责权利，使各主体的行为受到一定的引导、激励和约束，积极承担起节约利用海洋资源，改善海洋生态服务，保护海洋生态环境的责任。协调利益分配关系，使海洋油气资源开发成本有所承担，收益得到共享，最终形成各利益相关主体共同保护海洋资源和生态环境的长效机制。

第二节　理论基础

生态补偿涉及生态经济学、环境经济学与资源经济学等学科的众多理论，其中外部性理论、生态系统服务理论、生态价值理论、可持续发展理论都为生态补偿机制的研究提供了理论基础。

一 外部性理论

（一）外部性的内涵

外部性又称外部经济效应，是指一个主体（包括自然人、法人）的经济行为影响了其他主体（包括自然人、法人），却没有支付对价或获取利益。一般情况下，外部性分为正外部性和负外部性，当人们从事经济活动时，会给不参与此项活动的主体造成影响，包括有利影响和不利影响，这种获得有利影响却不必付费的情况被称为正外部性，这种受到不利影响却得不到补偿的情况则被称为负外部性，正外部性和负外部性都意味着资源配置没有实现帕累托最优，影响经济运行的效率。

（二）外部性理论的内容

为解决外部性导致的市场失灵问题，经济学领域最具代表性的理论就是庇古税和科斯定理。庇古税是由福利经济学家庇古提出的，其实质是一种政府干预理论，庇古认为政府应该对排污者进行征税，使排污者的外部成本内部化，这样使排污者的私人边际成本和社会边际成本相统一，资源配置得到优化和改善，从而提升经济机制的运行效率。而科斯认为，政府干预并不是解决市场失灵的唯一方法，科斯在《社会成本问题》中指出，外部性由产权不明引发，只要产权明晰，市场手段便能解决外部性的难题。这种通过明晰产权来解决外部性，优化资源配置的方式被称为科斯定理。

虽然"庇古税"和"科斯定理"在内容、性质和适用方面均有较大差异（见表2-1）。但二者在解决外部性上都可能达到帕累托最优，两者相辅相成，取长补短。因此，外部性问题的解决需要依靠市场和政府的双重力量。市场交易是解决外部性最有效率的方式，但前提是明晰的产权制度；政府的任务是完善产权制度，对外部性进行规制。

表 2 - 1 　　　　　　　　　"庀古税"和"科斯定理"的区别

区别	庀古税（政府型的生态补偿）	科斯定理（交易型的生态补偿）
内容	对排污者进行征税，使排污者的外部成本内部化，外部性规制	明晰产权是前提，通过市场交易，优化资源配置
性质	刚性的政府行为 较高的管理成本和较低的交易成本	柔性的市场行为 较低的管理成本和较高的交易成本
适用情形	适用于"市场失灵"的情况，运用中要防止"政府失灵"	适用于"政府失灵"的情况，运用中要防止"市场失灵"

资料来源：作者自制。

（三）外部性理论是海洋油气资源开发生态补偿的基础

外部性理论被广泛应用于生态补偿，外部性成本的内部化是海洋油气资源开发生态补偿中最重要的问题。

首先，海洋油气资源的开发利用活动或建设保护活动具有明显的外部性特征。一方面，海洋油气资源作为公共物品，也存在外部性问题。海洋油气资源总量有限，开发利用者的大量开采，占用了可供其他人使用的资源，导致外部成本增多。另一方面，在对海洋油气资源开发和利用的过程中，海洋油气企业不可避免地会对海域海水造成污染，但最终成本却由全社会共同承担，如果环境的污染破坏者长期不负担，会引发"逆向选择"，加重掠夺性开发，对海洋生态环境造成更为严重的损害。

其次，生态补偿是解决海洋油气资源开发利用所带来的污染负外部性的重要举措。海洋油气资源开发的生态补偿是将以企业为主的海洋生态环境污染者的外部污染成本转化为内部成本，将污染成本由社会承担转变为自身承担，实现生态产品的边际私人成本（收益）与边际社会成本（收益）相一致，从而限制其污染损害行为。通过对保护海洋的行为主体进行补偿，对破坏海洋的行为主体进行收费，海洋生态补偿可以激励保护主体持续进行保护行为，并减少对海洋的破坏行为。

最后，海洋油气资源开发的外部性问题的解决，必须通过建立市场调节和政府干预相融合的生态补偿机制来解决。由于海洋油气资源的公共物品和外部性的属性，难以形成责权利相统一的内在激励机制，环境污染行为难以得到有效遏制。为此，必须通过制度创新和政策调整，改善生态环境。

（四）海洋油气资源开发外部成本内部化的理论分析

海洋油气资源开发生态补偿是海洋油气开发环境成本外部性内部化的重要手段，本书将运用经济学的方法对其做理论分析。

1. 海洋油气资源开发成本内部化的理论分析

通过将成本内部化为海洋油气资源价格的一部分，能够减少海洋油气开发成本的外部性问题。进行生态补偿的海洋油气开发企业的成本 C 包括：海洋油气资源本身的价格 P，海洋油气开发企业的经营成本 RC，海洋生态环境治理成本 EC，则有 $C = P + RC + EC$。

依据地租理论对海洋油气资源本身的价格 P 进行计算。设单位海洋油气资源的基本租金是 BR，海洋油气资源的级差系数是 γ，级差指不同品质和不同地区海洋油气资源的差异，则海洋油气资源的租金为 $R = \gamma \times BR$。设 i 为平均利息率，则 $P = \gamma \times BR/i$。

借鉴生产价格理论计算海洋油气开发企业的经营成本 RC。设 Q 为海洋油气资源经营总量，A 为经营投入总成本，n 为产权年限，则海洋油气资源每年的单位分摊成本为 $A/n \times Q$，设海洋油气开发企业资本投入的平均利润率为 r，则 $RC = A \times (1 + r) /n \times Q \times i$。

海洋生态环境的治理成本 $EC = \sum_{j=1}^{m} \alpha_j \times f_j \times q$，其中，$\alpha_j$ 为海洋生态环境的损失系数，f_j 为单位海洋油气资源第 j 种污染产生的影响价值，q 为海洋油气资源的产量。因此，海洋油气开发的企业成本 C 的计算公式为：

$$C = \gamma \times BR/i + A \times (1 + r) /n \times Q \times i + \sum_{j=1}^{m} \alpha_j \times f_j \times q$$

2. 海洋油气资源开发成本内部化的局部均衡理论分析

可采用局部均衡分析的方法进一步解析成本内部化理论。如图 2 – 1 所示，海洋油气开发不存在生态补偿时，为追求利润最大化，海洋油气相关企业将在价格为 P_2、产量为 Q_2 处生产。由于海洋油气开发的外部性不经济，导致边际外部成本 EMC 的存在，社会边际成本 SMC

会大于私人边际成本 PMC。此时，曲线 SMC 为海洋油气资源开发企业实际的社会边际成本，Q_1 点是有效的产出水平。政府可采取征收一定的生态环境或生态补偿的税费进行干预，以减轻企业对海洋生态环境的污染所造成的影响。若进行征税，则对消费者收取的价格会由 P_2 上升为 P_1，而生产者接受的价格则由 P_2 降到 P_3，由需求及供给曲线的相对弹性知，生产者和消费者将共同负担污染税，海洋油气资源的实际产量从 Q_2 降低到社会最优产量 Q_1。

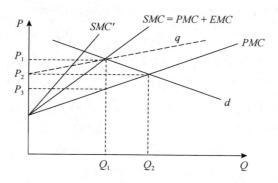

图 2 – 1　海洋油气开发成本内部化的局部均衡

资料来源：作者整理制作。

在污染排放量较少的情况下，经过海洋的自净作用，单位环境成本较小。但若污染排放量越过临界点，社会边际成本曲线变为 SMC'，曲线将更为陡峭，社会边际成本和私人边际成本的差距加大，意味着外部成本加大。

二　海洋生态系统服务理论

海洋作为全球三大生态系统之一，不仅为地球生命的繁衍和进化提供了重要支持，而且为人类社会经济的可持续发展做出了巨大贡献。海洋生态系统提供了人类生存与发展所需要的众多资源和服务，具有重要的生态、经济和社会价值。海洋生态系统通过多种多样的生态过程为人类提供服务，进而形成海洋生态价值。为了认识和理解海洋生态价值理论，必须首先研究海洋生态系统服务的内涵、类型和产生机理。

（一）海洋生态系统服务的内涵

海洋生态学将海洋生态系统定义为由海洋生物系统与海洋环境系统相互作用，共同构成自然界客观存在的特定空间结合体。海洋生态系统服务是以海洋生态系统及其物种为载体，提供有利于满足和维持人类生活所需的条件和过程，并经由海洋生态系统功能直接或间接为人类提供产品和服务。本书从生态系统服务的产生过程、实现途径和对人类的效应三个方面界定海洋生态服务系统的内涵（见图 2 - 2）。

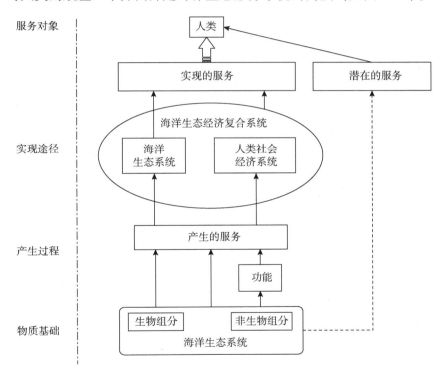

图 2 - 2　海洋生态系统服务内涵

资料来源：王其翔：《海洋生态系统服务评估》，博士学位论文，中国海洋大学，2009 年，第 29 页。

（二）海洋生态系统服务的分类

海洋生态系统服务是通过海洋生态系统的各组成部分、主要的生态过程和生物多样性所支持的主要服务得以体现，并为人类所利用。本书主要依据 2001 年 6 月联合国开展的"千年生态系统评估"结果，将海洋生态系统服务划分为"供给服务、调节服务、文化服务、支持服务"。

第一，供给服务为生态系统供给产品、物质和资源，包括食品供给、原材料供给和基因资源提供三项服务。其中，食品供给服务是指海洋生态系为人类直接提供的各种海洋食品，例如鱼类、虾类、蟹类和大型可食用海藻等；原材料供给服务是指为人类间接提供食物及生产性原材料，例如日常用品、燃料和药物等；基因资源供给服务是指海洋生物所提供的能为人们开发利用的遗传基因资源的服务。第二，调节服务是指生态系统中的各生态过程所产生的各种调节作用，具体有气候调节、空气质量调节、水质净化调节、有害生物与疾病的生物调节与控制、干扰调节五项服务。第三，文化服务是人们以认知、思考、体验等形式从生态系统所汲取的精神满足，包括精神文化、知识拓展和旅游文化服务。第四，支持服务是指生态系统服务的产生所必需的基础条件，包括初级生产、物质循环、生物多样性和提供生境。①

如图 2-3 分类体系所示，供给、调节和文化这三类服务是以支持服务为基石。四类服务的作用方式有所不同，前三类服务可直接为人所用，于较短时间内形成直接的海洋生态价值；而支持服务则是间接地影响人类，需要通过前三类服务体现其价值，并在较长时间内持续影响前三类服务的供给。所以，支持服务的价值也是海洋生态系统价值的一部分。另外，从市场的角度看，供给服务和文化服务在人类生产生活中表现为可市场价格化的直接经济价值，调节服务虽不直接进入生产和消费环节，却也是它们正常运行的必要条件。

（三）海洋生态系统服务产生的机理

海洋生态系统服务的产生主要通过两个途径：一是海洋生态系统生物组分和（或）系统整体直接产生某些生态服务；二是在系统内部

---

① 指生物的个体、种群或群落生活地域的环境，包括必需的生存条件和其他对生物起作用的生态因素。

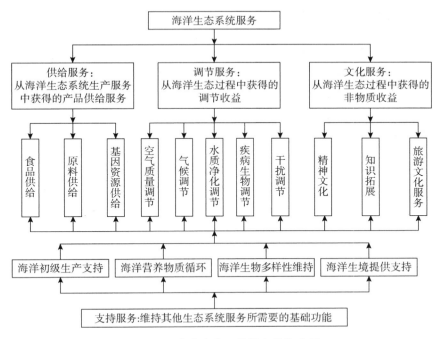

图2－3　海洋生态系统服务具体分类

资料来源：根据李凤岐《海洋与环境概论》，海洋出版社2013年版，第345页改编。

组分之间通过自身及相互的生理生态过程产生生态系统的特定功能，由这些功能产生相应的生态系统服务。

　　海洋生态系统主要由非生物环境、浮游生物、游泳生物、底栖生物、微生物组成，在海洋生态系统中还存在各种生态系统过程，海洋生态系统服务功能是由这些生态系统过程实现的。例如海洋通过光合作用、呼吸作用和生物泵作用过程，可以吸收和调节大气中的二氧化碳；不仅如此，海洋中的污染物质也可以被海洋生物转移、吸收等过程予以分解和转化。将海洋生态系统的构成要素在生态系统过程的作用下提供的生态系统功能和生态系统服务对应联系起来，形成了每种生态系统功能到相应的生态系统服务所经过的机理过程。海洋生态系统服务产生的机理如图2－4所示。

　　（四）海洋生态系统服务是海洋油气资源开发生态补偿的依据

　　首先，海洋生态系统服务为海洋油气资源开发的生态补偿提供了

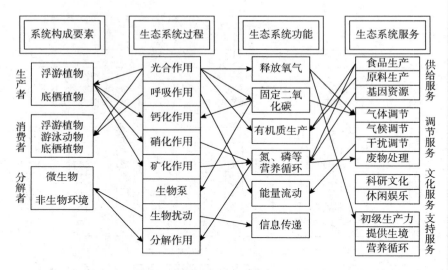

图2-4 海洋生态系统服务的产生机理

资料来源：王其翔：《黄海海洋生态系统服务评估》，博士学位论文，中国海洋大学，2009年，第29页。

重要理论依据。生态系统提供很多种不同的服务，生态补偿的依据就是要先对这些服务进行评估。由于海洋生态系统的各组分相互制约、相互影响，所以，一项海洋生态系统服务功能的下降甚至丧失往往会对其他服务乃至整个生态系统服务的数量和质量产生影响，进而制约经济与环境的可持续发展。以海洋溢油污染为例，海洋溢油污染将导致海洋浮游生物的大量死亡，海域初级生产力随之减弱，海域内鱼类等海洋生物数量下降，影响人类渔业生产。此外，油污破坏了海洋生态系统的作用过程，提高了大气中的二氧化碳浓度，使当地大气环境恶化，威胁人类健康。

其次，海洋生态补偿是修复和改善海洋生态系统服务的有效途径。原因有以下三个方面：一是生态系统具有开放性，能够连续地汲取外部环境的能量和信息，发挥自我调节作用。生态补偿是协调相关主体利益关系的有效制度，能够约束污染破坏行为，激励各主体的保护行为，从而促进外部环境能量和信息的输入和循环，对生态系统平衡产生积极意义。二是生态补偿又称生态系统服务付费，对生态系统服务利用得越多，相应支付的费用就越高昂。人类基于高成本的威慑，在利用生态系统服务时不会逾越生态系统的承载力阈值，保护了生态系统的结构与功能稳定。所以，健康的生态系统应以稳定和平衡为主，综合采取各种补偿措施提升生态系统服务的数量和质量。三是生态系统具有自我修复的功能，能够在人类的作用下进行功能和结构的修复和改善。遭受破坏的生态系统必须采取措施进行修复，在恢复其原有生态环境状况的基础上增强其生态系统服务功能。因此，从生态学的角度思考，在不违背生态系统自然规律的条件下，可采取自然恢复和人力修复相互配合的方式，以现代科学技术为支撑，通过生态补偿推动生态系统的恢复和重建。

综上所述，海洋生态系统的可恢复性，为海洋油气资源开发生态补偿机制的建立提供了生态学依据。因此，应从海洋生态系统的角度出发，将生态系统服务价值评估作为生态补偿标准制定的重要依据。

三　海洋生态价值理论

（一）海洋生态价值的含义

经济学角度的海洋生态价值是指生态服务功能对人类作用的表现，是海洋生态系统为人类提供的各项服务的货币价值形式，是海洋生态系统服务的价值体现。生态价值具有刚性，不一定符合边际效用递减规律。生态系统的规模和生态价值量的变动不成比例，并且生态价值存在极限，若生态系统规模缩小到生态价值极限，生态价值将完全丧失。因此，人类活动对生态系统的利用不能超过一定的生态阈值。一旦人类活动对生态系统的干扰或破坏超过生态系统所能承受的极限，就会出现"生态赤字"，这时生态价值呈递减趋势，直到生态价值为零。所以，研究生态价值要注意"极限点"，一旦某项生态服务价值达到刚性界限，适用生态价值的刚性规律，否则可适用边际效用递减规律。

（二）海洋生态价值的分类

分类一：基于海洋生态系统服务的海洋生态价值构成。海洋生态价值产生在海洋生态系统为人类提供服务的过程中，这些服务直接或间接满足了人类的各种需求并影响着人类的生活。海洋生态价值是由海洋生态系统为人类提供的各种服务的价值总和，对应海洋生态系统服务的分类，海洋生态价值可分解成 15 项。海洋生态价值的分类结果参见表 2-2。

表 2-2 海洋生态价值的分类

总体	第一层分类	第二层分类
海洋生态价值	供给服务价值	食品供给服务价值
		原材料供给服务价值
		基因资源服务价值
	调节服务价值	空气质量调节服务价值
		气候调节服务价值
		水质净化调节服务价值
		有害生物与疾病的生物调节与控制服务价值
		干扰调节服务价值
	文化服务价值	精神文化服务价值
		知识扩展服务价值
		旅游文化服务价值
	支持服务价值	初级生产服务价值
		物质循环服务价值
		生物多样性服务价值
		生境提供服务价值

资料来源：作者自制。

分类二：基于环境资源经济学理论的海洋生态价值构成。海洋生态价值集中体现为海洋生态资源产生的经济价值，包括使用价值及非使用价值两大类。其中使用价值由直接使用价值、间接使用价值和选择价值构成，而非使用价值由遗赠价值和存在价值构成。其相互之间的数量关系可用公式表现为：海洋生态价值 = 使用价值 +

非使用价值 = （直接使用价值 + 间接使用价值 + 选择价值）+ （遗赠价值 + 存在价值）。海洋生态价值的分类体系参见图 2 - 5。

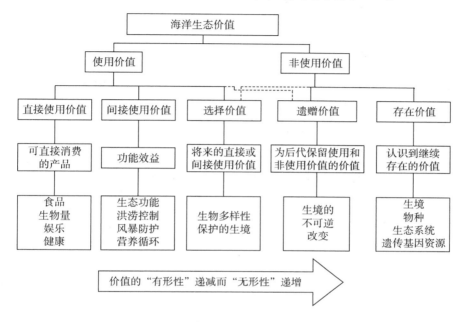

图 2 - 5　海洋生态价值的分类体系

资料来源：李凤岐：《海洋与环境概论》，海洋出版社 2013 年版，第 345 页。

（三）海洋生态价值是海洋油气资源开发生态补偿的计量依据

生态系统服务的有用性和稀缺性是生态补偿的前提，海洋生态价值是海洋生态系统服务的价值线，为海洋油气资源开发的生态补偿提供了计量依据。生态补偿的实质是根据生态系统的经济价值量对开发活动所造成的资源、功能消耗和污染破坏进行货币补偿以及实物要素的修复。海洋油气资源开发生态补偿的价值至少包括以下三个方面：一是为补偿海洋生物资源存量的减少、海洋生态系统服务功能的下降而支付的代价；二是可替代功能的资源价值；三是为遏制资源耗竭、控制生态环境恶化而采取的保护行动的货币和非货币投入的总和。

四　可持续发展理论

(一)　可持续发展的含义

"持续性"这一概念最初源于生态学,即生态可持续。1980 年 3 月,在《世界自然保护大纲》中首次使用可持续发展概念。1987 年《我们共同的未来》报告中,正式提出可持续发展概念"既满足当代人的需要,又不对后代人满足其需要的能力构成危害的发展"。此概念一提出就受到了社会各界的广泛关注和认可,可持续发展理论是经济社会发展的必然产物。它作为一种全新的发展观,其核心是经济、社会和资源环境的同步永续发展,对资源的使用、环境利用及发展机会方面要在代内和代际做到公平公正。

(二)　海洋可持续发展的内容

如图 2 - 6 所示,海洋可持续发展体系主要由海洋生态资源环境、海洋经济和人类社会三大系统构成。

一是海洋生态系统的可持续发展,主要体现在海洋生物资源的永续利用和海洋生态环境的可持续发展。只有保持海洋生态系统构造的完整,才能保证系统的平衡及其功能的正常动态运行,促进海洋生态系统的可持续发展。由于影响海洋生态系统构造及功能的要素相对复杂且不确定,因此,一方面需要长期动态关注对海洋生态系统变化产生影响的可再生海洋生物资源,海洋生态过程的可持续发展为海洋生物资源的可持续利用提供了保证;另一方面需要甄别海洋生态环境风险值的特征因素和不可逆转的危害因素,确定合理的生态阈值和海洋生态环境预警指标。

二是海洋经济系统的可持续发展,主要体现在各类海洋产业及相关开发利用活动的长远发展。海洋的"绿色开发"模式是海洋经济可持续发展的主要表现,海洋经济可持续发展应实现海洋资源的综合利用、深度开发和循环再生,将自然资源和环境作为一个统一的整体,重视自然资源开发的环境代价,在资源承载力和生态环境容量的制约下,通过绿色集约的开发方式达到资源开发效益和环境福利的协调。

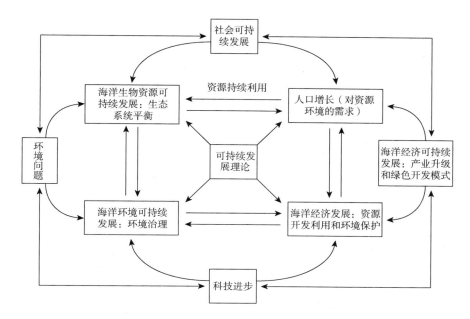

图 2-6　海洋资源、环境、经济与社会的可持续发展体系

资料来源：根据傅秀梅、王长云《海洋生物资源保护与管理》，科学出版社 2008 年版，第 48 页改编。

具体表现为海洋资源的节约利用、海洋产业的集约化生产、海洋科技的创新应用和海洋生态环境的有效保护多个方面。因此，海洋经济的可持续发展不仅包括海洋资源的合理开发与利用、海洋生态环境的管理与保护，而且还包括海洋科技进步和海洋人才素质的提高。

三是社会的可持续发展，其关键是有效协调人口快速增长和资源环境有限供给的矛盾。通过控制人口数量和提高人口质量，实现社会的公平性和可持续性，包括对海洋资源利用和生态环境保护的公平，表现为"代内公平"和"代际公平"。

综上所述，在海洋资源、环境、经济、社会可持续发展的有机体系中，以海洋生态系统的可持续发展为前提，在海洋经济可持续发展的基础上，最终实现社会的可持续发展。这三方面相互影响、有机融合形成了统一的发展体系，体系的实质和核心是资源、环境、经济、社会的协调和永续发展。

（三）可持续发展是海洋油气资源开发生态补偿的最终目标

海洋油气资源开发生态补偿是海洋可持续发展体系中协调海洋经济发展和资源环境可持续发展的关键。任何资源都是有限的，海洋石油和天然气资源都是稀缺的不可再生海洋资源。海洋油气资源的开发无论是日常开发还是突发性的溢油事故，都会对海洋资源和生态环境造成破坏。因此，在开发利用海洋油气资源的过程中，不能以牺牲海洋环境为代价来发展海洋经济，要在"绿色发展"的理念下，摒弃"粗放开发、先污染后治理、重治理轻修复"的旧思维，运用"绿色开发、预防优先、生态修复"的新思维，使生态补偿成为海洋环境保护的关键。

海洋油气资源开发生态补偿是促进海洋经济可持续发展的必要手段和物质基础之一。海洋可持续发展的实现需要创新海洋生态补偿的技术和管理手段，准确量化生态补偿的数量与价值，合理界定生态补偿的范围与受益对象，从而科学评估和有效监督生态补偿的实施质量。此外，还应充分发挥政府、市场和社会公众的合力，推进生态补偿的多元化，全面提升生态补偿的效果。

海洋油气资源开发的生态补偿有利于社会可持续发展和社会公平。生态补偿是一项"破坏者付费，使用者付费，受益者付费，对保护者补偿"的利益分配机制，有利于"既重污染防治，更重环境保护"的科学发展理念的践行。只有引入生态补偿，谁使用谁掏钱，谁污染谁买单，才能在体现社会公平的基础上保护生态环境。

第三章　海洋油气资源开发的生态损害分析

　　基于海洋油气资源日常开发和突发性溢油事故所造成的海洋生态损害，有必要进行相应的生态补偿。本章在客观分析海洋油气资源开发现状的基础上，通过深入分析海洋油气资源开发生态损害的形成过程，明确海洋油气资源开发的主要生态损害类型，为后文不同情景、不同类型海洋油气资源开发生态补偿的价值评估奠定基础。

第一节　海洋油气资源开发的现状

一　海洋油气资源开发的产量

　　我国海洋油气资源勘探开发起步较晚，在国家的大力支持和旺盛的需求刺激下得到了快速发展，为我国经济发展提供了有力的支持，在缓解能源供应压力，维护国家能源安全方面发挥了重要的作用。

　　相对于煤炭等传统能源和陆地石油开采，我国海洋油气勘探开发尚停留在早中期，但是基础不容小觑，并且表现为极大的产业化趋向，海洋油气勘探自主创新能力逐步增强，是未来我国能源产业发展的战略重点。第三次石油资源评价结果显示：我国海洋石油资源量为246亿吨，占全国石油资源总量的23%；海洋天然气资源量为16万亿立方米，占总量的30%。世界海洋石油平均探明率为73%，而我国仅为12.3%；世界海洋天然气平均探明率为60.5%，我国仅为10.9%，均大大低于世界平均水平。从以往10年的开发情况看，全国油气新增产量的53%源于海洋，到2010年甚至达到近85%。海洋油气开发成为我国今后潜在油气开发的重要源泉，同时也催生了相关技术的变革创新和海洋油气产业的迅猛发展。中海油近 7 年的可持续发展报告显示：2011 年原油产量 4661 万吨，天然气产量 167 亿立方米；2012 年原油产量 5186 万吨，天然气 164 亿立方米；2013 年原油产量 6684 万吨，天然气 200 亿立方米；2014 年原油产量 6868 万吨，天然气 219 亿立方米；2015 年原油产量 7970 万吨，天然气产量 251 亿立方米；2016 年原油产量 7697 万吨，天然气产量 245 亿立方米；2017 年原油产量 7551 万吨，天然气产量 259 亿立方米。海洋油气产量已成为增加国家能源供应的重要新来源。

二 海洋油气资源开发的发展态势

海洋油气资源开发的勘探、钻井、生产、集输、运销等环节都是在海洋中进行，近年来随着海洋油气资源开发规模和力度的加大，呈现出以下发展态势。

第一，技术含量日益提高。海洋油气资源开发在从几十米甚至到几千米的深海作业，对深海油气开发的装备和技术含量要求越来越高。海洋油气开发活动还会受到恶劣的海洋气候的影响，在复杂多变的海洋自然环境下进行深水、绿色、安全的海洋油气开发日益需要更高的技术含量。

第二，海洋油气勘探的安全和环境风险增加。海洋油气资源开发面临较大的安全和环境风险，平台作业井喷、溢油、爆炸等事故可能造成极大的环境污染，严重威胁人身、财产安全。并且，由于海上操作平台远离陆地，加之海上环境的复杂性，风险排查和救援的时间和效果会大打折扣，往往导致油污快速蔓延。

第三，海洋油气开发与其他海洋产业相关性日益增强。海洋油气开发造成的污染损害会直接威胁海洋航运、海洋渔业、海水养殖和滨海旅游等海洋产业的发展。

第四，海洋油气开发的国际化进程加快的同时国际性污染威胁日益积聚。海洋油气开发是资本、技术高度国际化产业，且会产生国际性污染威胁。

第二节　海洋油气资源开发产生的污染损害

海洋油气开发作为主要的用海活动之一，无论是日常开发还是溢油事故都会对海洋生态环境造成影响。海洋油气污染可以划分为日常型的污染和突发型的污染：日常型的海洋油气污染由海洋油气勘探、海上石油钻井平台开发油田中的泄漏和采油中未处理含油水的排放、生产污水不达标排放、违法排放造成；突发型海洋油气污染通常由突发事故引起，包括海上石油钻井平台发生的井喷事故、生产活动中由于工作安全程序执行不到位而产生的油气泄漏事故。

一　海洋油气资源日常开发产生的污染损害

从日常开发过程来看，海洋油气开发对生态环境的影响包括海底油气勘探、钻井、测井、井下作业、采气、采油、油气集输等多个环节。这些环节产生的污染物按照形态可分为六类：海下爆破产生的污染物、海体污染物、大气污染物、固体污染物、噪声及放射性污染。具体分析如下。

（1）在勘探过程中，污染源主要来自钻井过程中的钻井设备和平台施工现场，包括废气、废水、废渣、噪声及放射性污染。废气主要来自柴油机排放的废气、烟尘；废水主要是由柴油机冷却水、废弃的泥浆、洗井液及平台生活产生的污水；废渣主要有钻井岩屑、废弃的钻井液及钻井污水处理后产生的污泥；噪声主要来自爆破及各种设备的运作过程；放射性污染来自伽马源、中子源和放射性同位素等在测井过程中的运用。

（2）在采油过程中，技术复杂、施工类型多，因此污染源也复杂多样。平台作业会产生大量废弃、噪声；注水和洗井中排放大量洗井污水；压裂过程中伴随着废弃压裂液的处理；酸化过程化学试剂的使用也可造成污染，酸化液会直接破坏水体环境，也可能通过化学反应

释放有毒气体 H_2S，污染大气。

（3）在贮藏运输过程中，污染主要通过海上储油池、储油罐、储油船、海底油气输送管线、油气外运码头、单点系泊装置和常规的海上码头（有固定式和浮式两种）等产生。整个建造过程中会产生大量大气、固体污染物和噪声污染。

在海洋油气开发过程中，每个环节的顺利完成都耗费了大量的人力和财力，任何一个环节的疏忽都可能带来较大的海洋环境污染和经济损失。

二 突发性海洋溢油事故产生的污染损害

由于技术上的不成熟、地质气候的影响、管理和施工人员知识经验的缺乏以及工作安全程序执行不到位，海洋油气开采极易发生意外漏油、溢油、井喷等事故，产生大量废气、落海石油、油砂及噪声，造成难以预计的损失和无法控制的污染。

溢油事故的发生，大量石油直接进入海洋水体之后，最后将以三种形式存在于海洋生态系统中：一是漂浮于洋面上的石油油污薄膜；二是分散状态存在的油污，分为溶解在海水里的和以乳化状态存在于海水中的油污（经过了氧化和光化学反应）；三是凝结和聚集状态下存在的残留物，包含海面漂浮的原油球（没有发生化学反应）以及溶解的石油烃吸附在固体颗粒物上沉积。以上三种形式的油污状态对海洋生态圈的污染过程是在自然界的风化和生物圈的循环过程中对海洋生态逐步进行累积毒害的过程。海洋油污不断受到风力飞行、海浪涌动、洋流携带搬运等自然物理环境因素的作用，逐渐污染海洋生态系统（具体过程如图 3-1 所示）。大量油气的泄漏和扩散导致海水自我清洁能力减弱，海水质量恶化；油膜在海面漂浮阻挡了太阳辐射，不利于浮游植物的光合作用，海洋生物死亡率提高；污染物中大量有毒化学物质直接影响海洋生物的生长、繁殖和生物的趋化性等行为；石油残余物难以短时间内分解，沉降于潮间带和浅水海底，最终附着于底栖生物的表面或进入其体内，造成其窒息或中毒死亡；在海

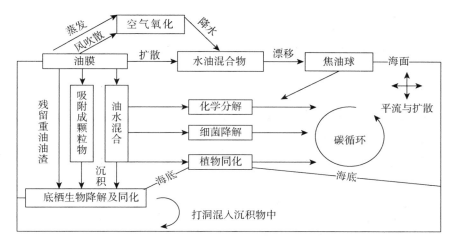

图 3-1 石油在海洋生态圈的污染过程

资料来源：根据李凤岐《海洋与环境概论》，海洋出版社 2013 年版，第 272 页。

流和海浪的作用下，沉入海底的石油或石油氧化物还可能再上浮到海面，造成二次污染。据统计，2011 年中海油渤海湾发生的蓬莱 19-3 油田的突发溢油事故共造成 5500 平方千米海水的污染，相当于渤海面积的 7%，其中渗漏至渤海海面的原油高达近 700 桶，渗漏并沉积到海床的矿物油油基泥浆约 2500 桶，一些海域发生赤潮，造成海洋动植物大量死亡。

第三节 海洋油气资源开发造成的生态环境损害

2015 年 12 月中央和国务院办公厅印发的《生态环境损害赔偿制度改革试点方案》明确指出，"生态环境损害是指因污染环境和破坏生态造成大气、地表水、地下水和土壤等环境要素以及植被、动物和微生物等生物要素的不利改变，及上述要素构成的生态系统功能的退化"。海洋油气资源开发导致的生态环境损害类型大致可以分为直接损害和间接损害。

一 海洋油气资源开发对生态环境的直接损害

海洋生态环境保护范围逐渐扩大，包括对海洋自然生态环境、人为影响的生态环境和海洋生物资源等多个部分。从生态学上看，海洋生态损害是对海洋生态系统的空间、大气、水和生物等要素及其整个系统平衡的破坏。海洋油气资源开发对海洋生态环境的直接损害表现为以下几方面。

（一）对海洋水体环境的损害

1. 海洋油气资源日常开发对海洋水体环境的损害。受联合水动力条件的影响，海洋油气资源日常开发的石油类污染物不易向外海扩散，加剧了对近海环境的污染。对海洋水体环境的损害包括钻井屑、钻井泥浆、含油污水、汞、铅、砷等重金属污染物和其他污染物。

2. 突发性海洋溢油事故对海洋水体环境的损害。突发海洋溢油事故，使石油进入海洋；大气中低分子石油烃也会沉降到海洋水域；海洋底层的局部可能发生自然溢油；石油在海面形成的油膜能阻碍大气与海水之间的气体交换，致使海洋生物大量死亡，间接造成海洋污染物增多、含氧量降低等，这些方面均直接或间接造成海水质量下降。

监测和统计结果显示：随着工业化和城市化的发展，我国海洋环境污染问题愈演愈烈。从污染物种类看，主要包括无机氮、活性磷酸盐和石油类，分布在辽东湾、渤海湾、莱州湾、江苏沿岸、长江口、杭州湾、浙江沿岸、珠江口等近岸区域。海水环境的破坏严重威胁了鱼、虾、贝类等海洋生物的生长和繁殖，造成了海洋各功能区生态系统服务功能的下降。2018年6月国家海洋局发布的《2017年中国海洋环境质量公报》显示我国海水污染依然严重（见表3-1）。

表3-1　　　　2017 年我国管辖海域未达到第一类海水水质标准的

各类海域面积　　　　　单位：平方千米

海区	季节	第二类水质海域面积	第三类水质海域面积	第四类水质海域面积	劣于第四类水质海域面积	合计
渤海	春季	8940	3970	2120	3710	18740
	夏季	15710	8300	4780	3690	32480
黄海	春季	17280	7090	2610	1240	28220
	夏季	20980	10980	9440	3840	45240
东海	春季	17610	9260	11400	22210	60480
	夏季	23380	10260	11850	34510	80000
南海	春季	6000	8220	2110	6560	22890
	夏季	11900	8900	4210	5270	30280
全海域	春季	49830	28540	18240	33720	130330
	夏季	71970	38440	30280	47310	188000

资料来源：《2017 年中国海洋环境质量公报》，国家海洋局发布，2018 年 6 月。

（二）对海洋生物的损害

石油入海后会经历包括扩散、蒸发、溶解、乳化、沉降、形成沥青球等一系列复杂的变化，一个地方的石油污染会随季风洋流等扩展到其他海域，进而影响大范围的海洋动植物，并且石油类污染物沿着食物链转移，最终影响人类的身体健康。其对海洋生物的损害主要表现为以下方面。

1. 海洋油气资源日常开发对海洋生物的损害

（1）海洋油气勘探钻井中的水下爆破对海洋生物的损害

海洋油气勘探及平台作业中难免进行水下爆破，对海洋生态环境造成了严重破坏，其中对海洋动物的影响最为明显。在进行爆破时，瞬间产生的高温高压气体和随之而来的冲击波、噪声、大量悬浮物会对附近海域的海洋生物造成灭顶之灾。对鱼、虾、贝类的幼体损害较大。由于幼体大多以卵的形式存在，或者是较为脆弱的幼苗，缺乏感应和逃避外界环境变化的能力，冲击波会直接导致爆炸发生范围内较多的卵和幼苗的死亡。水下爆破会产生大量的悬浮物，造成海水中的悬浮物含量和无机氮等的异常，海洋生物在能见度极低的环境中长期生活，会降低海洋植物的光合作用，导致植物大量死亡，最终使动物饵料减少，鱼类大量死亡。大量的悬浮物质也会造成鱼类的鳃部被堵塞而呼吸困难，影响成长发育，甚至会造成窒息死亡。另外，水下爆破使相关海域中的鱼类栖息和繁殖环境受到破坏，使较弱的幼体无法安全成长繁殖。

从成年海洋生物看，一项海洋油气钻井的水下爆破实验结果证明：水中 1kg 的炸药在水下 1.5m 深度爆炸时，震源 8m 以内，50% 鱼类死亡，毛虾有 88%—94% 的个体死亡；震源在 32—64m 内，有近 50% 的个体死亡。[①] 其中，梭子蟹和贝类耐震性高于鱼类和毛虾，但也会造成大量死亡。海洋生物对于声波的承受能力差异较大，毛蚶和梭子蟹承受力较高，鱼、对虾、仔虾、毛虾承受力低。

（2）海洋油气日常开发产生的水体和固体污染物对海洋生物的损害

海洋油气日常开发主要产生大量水体和固体污染物。其中，水体污染物除了生产生活用水还包括废弃泥浆、洗井和作业废水、油轮压舱和洗舱水；固体污染物主要有钻屑、油砂等。《2017 年中国海洋环境状况公报》显示的海洋油气区环境状况为：2013 年，全国海洋油气平台生产水、生活污水、钻井泥浆和钻屑的排海量分别为 14793 万立方米、45 万立方米、77669 立方米和 69128 立方米。2014 年，全国海洋油气平台生产水、生活污水、钻井泥浆和钻屑的排海量分别为 16135 万立方米、49 万立方米、40248 立方米和 67176 立方米。2015 年，全国海洋油气平台生产水、生活污水、钻井泥浆和钻屑的排海量分别为 17837 万立方米、53 万立方米、21543 立方米和 45201 立方米。2016 年，全国海洋油气平台生产水、生活污水、钻井泥浆和钻屑的排海量分别为 18615 万立方米、66 万立方米、29244 立方米和 47438 立方米，分别较上年增加约 4%、24%、36% 和 5%。2017 年全国海洋油气平台生产水、生活污水、钻井泥浆和钻屑的排海量分别为 18918 万

---

① 王林昌、邢可军：《海洋油气开发对渔业资源的影响及对策研究》，《中国渔业经济》2009 年第 3 期。

立方米、73 万立方米、34117 立方米、44948 立方米，其中生产水、生活污水、钻井泥浆分别较上年增加约 2%、11%、17%，钻屑较上年降低约 5%。2013—2017 年海洋油气日常开发排放的污染物含量整体上升，其中生产水和生活污水的排污含量逐年上升，钻井泥浆和钻井屑有所下降。除石油类外，还包括挥发酚、悬浮物、可溶性金属、盐类、硫化物和磷化物等。盐类的增加会影响局部海水渗透压，造成生物细胞缺水，影响正常生理活动甚至会危及生命。可溶性金属的作用类似于烃类物质会被鱼类、贝类等底栖动物吸收，影响健康，并且会通过食物链最终进入人体。

2. 突发性海洋溢油事故对海洋生物的损害

（1）突发性海洋溢油事故对海洋内部动植物的损害

突发溢油造成的油气泄漏直接进入海洋。漏油在海面的扩展会形成大范围的油膜，而油膜的消散速度较慢，会对海洋生物产生长期的影响。实验证明，油从水中消失 50% 所需时间在 10°C 水温下大约为一个半月；在水温为 18—20℃时，时间为 20 天；当达到 25—30℃时，降至 7 天左右；渗入沉积物的石油消除较难，所需时间要几个月至几年。而三大洋表面年平均水温约为 17.4℃，在只考虑温度的情况下，油膜的消失时间在一个月左右。油膜的长期存在极大程度上影响了海洋动植物的生存和生产。下面从食物链的作用过程分析其对海洋动植物的影响。

如图 3-2 所示，浮游植物作为生产者，是整个食物链的摄食基础。扩散于海水表面的油膜使进入表层海水的光照辐射量减少了10%，降低了浮游植物的光合作用强度，导致浮游植物的减少，海水中的氧气浓度减少，二氧化碳的浓度增加，直接影响了以其为食的浮游生物，进而也使各种鱼类及大型海洋生物受到影响。并且颗粒态油易被底栖无脊椎动物摄食，随食物链进入各种生物体内，当被捕捞进入市场后，会危害人类健康。海面浮油会使烃类毒物聚集在海水表层，在各种烃类中，毒性按链烃、环烃、烯烃、芳香烃的顺序由低到高。石油烃是多种烃类及其他有机物的混合物，会对细胞膜的正常结构和通透性产生破坏，扰乱生物体的酶系活动，使海洋生物生理过程异常。

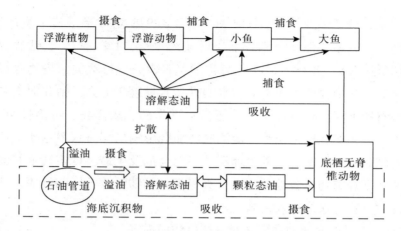

图 3 - 2 溢油对海洋生物的食物链的影响

资料来源：曾江宁、徐晓群、寿鹿等：《海底石油管道溢油的生态风险及防范对策》，《海洋开发与管理》2007 年第 3 期。

如表 3 - 2 所示，随着石油浓度的上升，孵化率、孵化幼苗死亡率和畸形率也大幅上升，在石油浓度达到 10mg/dm³ 时，孵化幼苗死亡率达到了 67.9%。

表 3 - 2　　　　　　　　　石油对鱼类胚胎的毒性效应

石油浓度（mg/dm³）	孵化率（%）	孵化幼苗死亡率（%）	孵化幼苗畸形率（%）
0	85.0	4.4	1.5
0.01	84.0	5.0	1.8
0.05	75.0	8.0	2.5
1	70.0	15.7	4.1
3.2	60.9	22.7	6.1
5.6	50.1	30.1	20.5
10	40.0	67.9	50.0

资料来源：王林昌、邢可军：《海洋油气开发对渔业资源的影响及对策研究》，《中国渔业经济》2009 年第 3 期。

另外，石油中的某些烃类与部分海洋生物释放的化学信息较为相似，容易传递错误信息，导致许多生物的猎食、繁殖、迁移等行为的紊乱，威胁海洋生物的生存和发展。

（2）突发性海洋溢油事故对海鸟的损害

海洋油气开发不仅影响到海洋中的鱼虾贝类等生物，也对鸟类的生存和成长具有很大影响，长期海洋石油污染给海鸟带来的损害，远超过海洋石油污染事故的直接经济损失。据统计，一次中等油船事故（溢油700t），可使1万只鸟死亡。海洋石油污染几乎每天都在发生，海鸟大量死亡的数目令人触目惊心。虽然较小程度的石油污染，不至于使鸟类立刻死亡，但是长期摄入污染物，会对鸟类的器官和雏鸟的生长发育造成不利影响，引起肺炎等各种疾病。

石油污染对鸟类的影响主要有以下几个方面：一是海水中石油类浓度过高，会被海鸟直接吞食，造成呼吸困难，窒息而亡；二是鸟类通过接触海水而获取食物，海水上的油膜会附着在鸟类的羽毛上，使海鸟体重增加，影响飞行甚至发生坠海；三是为适应飞行，鸟类的羽毛具有特殊结构，油膜的附着会改变羽毛结构，使其飞行能力和保持体温的能力下降，最终走向死亡；四是鸟类以水中小型鱼虾类为食，长期摄入体内含有石油类有害物质的鱼虾，会引发各项疾病，附着在鸟类羽毛上的石油类物质也会通过用嘴梳理羽毛的过程摄入，严重刺激其消化器官，损坏肝脏；五是油气田开发直接破坏海洋内动植物栖息环境，导致附近海域食物短缺，雏鸟生存难以维系。

（3）突发性海洋溢油事故对海兽的损害

海兽除鲸、海豚等以外体表均有毛，石油对其损害的原理可参考鸟类。油膜能玷污海兽的皮毛，溶解其中的油脂物质而使海獭、麝香鼠等海兽丧失防水和保温能力。对于体表无毛的海兽，如鲸、海豚，油块能堵塞其呼吸器官，妨害它们的呼吸，甚至因此窒息而亡。另外，海兽的摄食、繁殖、生长等也会受到污染的影响。

（三）对海洋生境的损害

海洋油气的不合理开发扰乱了整个海洋生态系统的物质循环和能量流动，海洋生物赖以生存和发展的生态环境受到严重破坏。从我国现实状况看，珊瑚礁、红树林等是海洋生物的主要栖息地，此类栖息地的退化和消失是海洋生物生境受到破坏的典型表现。

珊瑚礁不仅为许多海洋生物提供了良好的生境，而且其本身生长和繁殖对光照、温度等具有较高的要求。珊瑚礁生态系统相对脆弱，很容易在海洋油气资源开发过程中受到损害。随着海洋开发规模的扩大，污染的加剧和人类的过度捕捞，珊瑚礁及其伴生物种类大量减少甚至消失，进而导致海洋动植物失去栖息地，生物多样性减少。

红树林也生存在潮间带的环境中，是一种典型的潮间带生物。海面上的石油会漂浮到海岸和沿海的滩涂，从而破坏潮间带上生物的生存环境，而潮间带环境的恢复往往需要数十年甚至更久的时间。对红树林而言，海洋溢油污染事故泄漏的油污会附着在红树裸露的树干、主干根茎和具有呼吸作用的根茎上。红树的呼吸孔被堵塞，呼吸作用被影响，红树体内的水盐平衡被打破，造成红树的叶子非正常脱落、树干变畸形、红树的生长被阻止甚至种子死亡，从而使红树无法繁衍生息，对红树林的影响可以长达 20 年甚至造成永久性毁伤。

二 海洋油气资源开发对生态环境的间接损害

（一）对大气中氧气供给的损害

在海洋中生存的植物和一部分微生物可以通过光合作用来产生氧气，它们是地球氧气供给中的主要生产者和提供者。海洋溢油污染事故泄漏的石油及其形成的油膜漂浮在海水表面，遮挡了阳光照射，使海洋生态系统无法进行光合作用，从而导致地球的氧气产量降低，氧气供给不足，更糟糕的是造成地球大气圈中的含氧量不足，严重破坏了大气圈中碳氧交换的平衡性。

以大连港海洋溢油事故为例，渤海海域平均初级氧气生产力为 $327mg/m^2 \cdot d$，黄海海域平均初级氧气生产力为 493.8$mg/m^2 \cdot d$，取两片海域氧气生产力的平均值 410.4$mg/m^2 \cdot d$ 作为大连海域平均初级氧气生产力。大连港海洋溢油污染事故使 $430km^2$ 的海洋表面受到污染，这种状况一共持续了长达 16 天之久。以现在的经济发展水平来计算，工业制氧的价格为每吨 400 元，根据相关的计算公式，计算得出这次事故造成的氧气供给损失折合人民币现价为 1355304.96 元。

（二）对大气环境调节气体的损害

无论是生存在陆地上的植物还是生存在海洋中的植物，对 CO_2 都具有固定作用，即植物具有固碳作用。附着在海洋表面的油膜使阳光无法照射到海洋中的植物，从而使植物的光合作用无法进行，进一步影响海洋植物的固碳作用，致使二氧化碳在生态系统中不能够完成转化，大量的二氧化碳存蓄在大气层中，加剧温室效应，破坏地球生态环境。此外，海面形成的油膜会阻滞大气和海水间的气体交换，削弱海面对电磁辐射的吸收、传递和反射；而覆盖在极地冰面的油膜，由于长期分解困难，会导致冰块的吸热能力提升，冰层融化加快，造成海平面上升，对气候变化产生潜在影响。

（三）对生态环境中基因资源的损害

生物多样性是在一定时间和一定地区所有生物（动物、植物、微生物）物种及其遗传变异和生态系统复杂性的总称。海洋是一座丰富的生物资源大宝库，存在 20 多万种生物。根据 2017 年青岛市近岸海域海洋生物多样性监测结果：监测区内共监测到浮游植物 755 种，浮游动物 724 种，大型底栖生物 1759 种，海草 6 种，红树植物 10 种，造礁珊瑚 83 种。根据青岛市海洋与渔业管理局发布的《2016 年青岛市海洋环境公报》，对青岛市近岸海域生物多样性近五年的测试调查结果显示：青岛市近岸海域在海洋保护区附近的浮游生物和大型底栖生物的生物多样性数据指标较高，海洋生物种类组成和群落结构基本保持稳定，但是在海上石油勘探和石油钻井平台开发油田附近的生物存在比率要远远低于其他海域。

海洋石油的污染物对海洋生物具有致其死亡，使其后代产生畸形、变异的长期危害。由于石油及其化学物质具有稳定性，不容易被快速降解，从而导致海洋生物及基因资源损失。

（四）对海水自净能力的损害

海洋能够通过海洋中的微生物和浮游生物吸收、分解排入海洋生态系统中的废水、废气等污染物，这种对污染物自净的能力被称为海水自净能力，但是海水的自净能力是有承受上限的，一旦污染物的进入量超过了海水自净能力的上限，海水就会丧失或降低容纳消减污染物的能力。微生物和浮游生物由于受到石油毒害，丧失活性和死亡，从而加剧海洋石油污染的影响，形成恶性循环。

第四节　本章小结

本章深入分析了海洋油气资源开发造成的污染以及污染对生态环境造成的损害，为后文对生态损害的补偿价值评估奠定基础。具体形成以下结论。

1. 我国海洋油气资源作为主要能源之一，勘探开发工作虽然起步较晚，但开发规模不断扩大，海洋油气生产发展迅速。海洋油气资源日常开发和突发性溢油事故带来的海洋污染也日益严重。由于海洋油气资源开发的作业特点，海洋油气资源开发的污染损害呈现广泛性、流动性、长期性和复杂性。

2. 海洋油气资源开发无论是日常开发还是突发性溢油事故都会对海洋生态环境造成破坏。为此，区分了日常开发造成的海洋污染和突发性溢油事故的海洋污染。这两种不同情景造成的污染损害有所区别，但有些污染损害是共同的，难以区分。

3. 任何日常的海洋油气资源勘探开发活动，包括勘探、采油和贮藏运输过程，都会产生污染物和生态损害，在一定程度上影响当地的海洋生态环境。这是一种常态化的污染损害，并在一定的可控范围内。为此，可以加大防范力度，做到预防优先，所有的海洋油气勘探开发必须要考虑环境的承载度，做到绿色开发。

4. 海洋溢油污染事故作为一种非常态化的污染具有以下特点：一是具有突发性。突然爆发，随机性强，难以预防。二是可控性差。因为无固定排放方式，蔓延迅速，势头凶猛，短时间内难以控制。三是破坏性强。毒性和污染性不仅会影响人体的健康，扰乱区域内人群的正常生活，造成心理恐慌和阴影，而且还可能与周围的环境发生反应或作用，产生潜在的间接损害，需要长时间人财物的投入和修复。为此，必须短期内做好突发性溢油事故的应急处置，长期内应综合运用多种方式和手段，做好生态补偿和生态修复工作，尽可能降低突发性溢油污染事故对海洋生态环境和当地居民人身、财产和心理方面的危害。

第四章　海洋油气资源日常开发的生态损害补偿价值评估

海洋油气资源开发的生态损害主要分为日常开发和突发性海洋溢油事故两种情景。在不同情景下，针对海洋油气资源开发的具体生态损害类型，对海洋油气资源开发的生态损害补偿价值进行评估，是构建海洋油气资源开发生态补偿机制的核心。因此，本章根据海洋油气资源日常开发的具体生态损害类型及特点，构建海洋油气资源日常开发的生态损害补偿价值评估模型，并对渤中19－4油田项目的生态损害补偿价值评估进行案例研究，对该生态补偿价值评估模型进行运用，以期为海洋油气资源开发生态损害补偿价值的评估提供模型和案例参考。

第一节　日常开发的生态损害补偿价值评估框架

一　日常开发的生态损害类型

（一）海洋生物资源损害

海洋油气开发会破坏原有的海洋生态环境，造成海洋生物尤其是底栖生物的死亡，而底栖生物是许多鱼类的饵料，容易影响附近海域的渔业发展，并且施工过程所产生的污染物和冲击波等极易造成鱼卵和仔鱼的死亡，进一步损害渔业资源。因此，海洋油气开发会直接或间接减少海洋生物资源，使海洋生态系统的供给服务价值和支持服务价值下降。

实际施工情况显示，钻井、水下爆破、海底管道的铺设、电缆的铺设以及平台搭设等都会破坏海洋生态，主要体现在海底层受损、海水质量变差、海洋环境容量减少，进而导致海洋生物数量的减少，海洋生物资源受到损害。

（二）环境污染

海洋油气资源日常开发过程中产生的废气主要是生产工艺废气。生产工艺废气的排放源为油井、接转站、联合站的储油罐、气井和计量站、运输船舶排放的尾气等，含有的主要污染物为总烃。总烃既是油气田大气中的主要污染物，也是油气田大气的特征污染物。总烃存在于大气中的最大危害是可以造成二次污染，是形成光化学烟雾的必要条件。海上钻井平台排放的含油废水是造成海洋石油污染的一种重要的污染物。

实际施工情况显示，原油、钻屑、泥浆、机舱含油污水、生活污水、生活垃圾和工业垃圾等会污染海洋生态环境，表现为对海水的污染、对大气的污染以及噪声污染。

（三）海洋生态系统服务损失

海洋生态系统为人类提供的海洋生态系统服务包括物质产品和非物质服务。上述两方面的损害都会直接影响海洋生态系统服务，如食品供给、原材料供给、初级生产、物质循环、生境提供、基因资源、生物多样性等。由于生态系统具有整体性，一旦某一生态过程遭到破坏，整个生态系统功能的实现都会受到影响。例如，海上溢油属于原油对海洋环境的污染，溢油产生的不透明油膜会阻碍阳光射入海洋，使海水温度下降，进而对海洋中浮游植物的光合作用产生抑制性。造成的结果首先是海洋产氧量减少；其次，浮游植物作为海洋食物链中的初级生产者，其数量的减少会对海洋动物的繁殖与生长产生影响，甚至可能对整个海洋生态系统的平衡造成破坏。

二　日常开发的生态损害补偿价值评估指标

在明确海洋生态价值的分类与构成，确定海洋油气资源开发生态系统服务功能的基础上，考虑到数据的可得性，结合计算方法的适用性，从大类上将由海洋油气资源开发带来的海洋生态损失分为海洋生态系统服务损失价值和临海居民发展机会损失。其中，海洋生态系统服务损失的价值包括海洋生物资源直接损失价值、海洋受损生物资源修复费用、海洋大气调节服务损失价值、海洋污染处理服务损失价值；临海居民的发展机会损失价值，包括渔民出海捕捞的机会成本、海水养殖的机会成本和受损居民的身体健康损失价值。评估框架如图4-1所示。

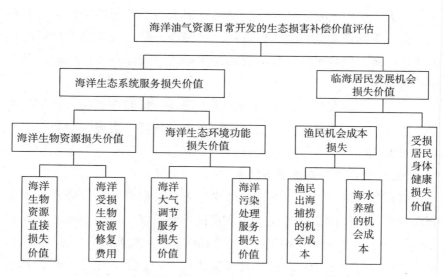

图4-1　海洋油气日常开发生态损害的补偿价值评估框架

资料来源：作者自制。

第二节　日常开发的生态损害补偿价值评估方法

在海洋油气资源开发日常活动造成的生态损害中，有一部分有市场价格，可以直接计算损失量，但是还有一部分没有市场价格，不可以直接计算损失量。因此，为更好地说明所构建的评估模型，表4-1将对使用的评估方法进行简要介绍。

表4-1   评估方法简介

评估方法	定义及内容	适用范围
市场价值法	生态环境为生产要素，环境改变使产量和效率改变，进而改变产值和利润，产品价值和利润可通过市场价格衡量	海洋生物资源直接损失
恢复费用法	以采取恢复措施的费用来估算损失的价值	海洋受损生物资源修复费用
影子工程法	人工建造一个能代替原有环境功能的工程，以该替代工程项目的建设费用估计环境污染或破坏的经济损失	海洋生态环境功能损失价值
机会成本法	对生态资源使用决策时，所放弃其他用途的最大可能收益	渔民发展机会损失

资料来源：作者自制。

第三节 日常开发的生态损害补偿价值评估模型

本评估办法适用于日常的海洋油气资源开发，假设所有的施工生产作业活动均符合该项目的环境影响报告书中的要求，即生产过程中产生的所有污染物均符合处理要求。

一 海洋生物资源直接损失价值

海洋油气资源的开发活动会对其施工作业海域内的海洋生物在质量和数量上造成一定损失，这些变化可以利用市场价格来计量。利用市场价值法估算海洋生物资源直接损失价值。具体模型如下：

$$E_f = \sum_{i=1}^{4} E_{f_i} \qquad (4-1)$$

式（4-1）中，E_f 为海洋生物资源直接损失的价值（单位：元）；E_{f_i} 第 i 种生物资源损失的经济价值（单位：元），当 $i=1，2，3，4$ 时，E_{f_i} 分别代表的是鱼卵和仔稚鱼损失的经济价值、生物幼体损失的经济价值、生物成体损失的经济价值、潮间带生物和底栖生物损失的经济价值。

（一）鱼卵和仔稚鱼损失的经济价值

$$E_{f1} = N_1 \cdot \delta \cdot E \qquad (4-2)$$

式（4-2）中，E_{f1} 为鱼卵和仔稚鱼损失的经济价值（单位：元）；N_1 为鱼卵和仔稚鱼的损失量（单位：个或尾）；δ 为鱼卵和仔稚鱼折算成鱼苗的换算比例（单位：%），鱼卵生长到商品鱼苗成活率按 1% 计算，仔稚鱼生长到商品鱼苗的成活率按 5% 计算；根据当地主要鱼类苗种的平均价格，鱼苗的商品价格为 E（单位：元/尾）。由市场需求量确定鱼苗的主要品种，根据主要鱼苗品种的市场价格和该品种产量占鱼苗总需求量的比例来确定鱼苗的平均价格。具体模型如下：

$$E = \sum E_i \cdot \alpha_i \qquad (4-3)$$

式（4-3）中，E 为鱼苗的平均价格（单位：元/尾）；E_i 为第 i 种鱼苗的价格（单位：元/尾）；α_i 为第 i 种鱼苗需求量占鱼苗总需求量的比例。

（二）幼体生物损失的经济价值

将幼体生物的损失量折算成相应成体生物的资源量，计算其损失的经济价值，折损率为 100%，当折损成成体的经济价值低于鱼苗价格时，则按鱼苗价格计算，模型如下：

$$E_{f2} = \sum N_{2i} \cdot G_i \cdot E_i \qquad (4-4)$$

式（4-4）中，E_{f2} 为幼体生物损失的经济价值（单位：元）；N_{2i} 为第 i 种幼体生物损失的资源量（单位：尾）；G_i 为第 i 种幼体生物长成最小成熟规格的重量，鱼、蟹类按平均成体的最小成熟规格 0.1 kg/尾计算，虾类按平均成体的最小成熟规格 0.005—0.01 kg/尾计算（单位：kg/尾）；E_i 为第 i 种成体生物的平均商品价格计算（单位：元/kg）。

（三）成体生物损失的经济价值

成体生物损失的经济价值计算模型：

$$E_{f3} = \sum N_{3i} \cdot E_i \qquad (4-5)$$

式（4-5）中，E_{f3} 为成体生物损失的经济价值（单位：元）；N_{3i} 为第 i 种成体生物的生物资源损失量（单位：kg）；E_i 为第 i 种成体生物的平均商品价格（单位：元/kg）。成体生物的分类有鱼类、甲壳类、贝类、藻类和其他。

（四）潮间带生物和底栖生物损失的经济价值

潮间带生物和底栖生物损失的经济价值计算模型：

$$E_{f4} = N_4 \cdot E \tag{4-6}$$

式（4-6）中，E_{f4}为潮间带生物和底栖生物损失的经济价值（单位：元）；N_4为潮间带生物和底栖生物的资源损失量（单位：kg）；E为生物资源价格，按主要经济种类的市场平均价格或按海洋捕捞产值与产量均值的比值计算（单位：元/kg）。

（五）价格修正公式

若不能直接得到评估年份的价格，可以根据相近年份的价格，利用价格修正公式得到评估年份的价格。

$$P_2 = P_1 \cdot \frac{CPI_2}{CPI_1} \tag{4-7}$$

式（4-7）中，P_1为前一年的价格（单位：元/kg）；CPI_1为前一年的居民消费价格指数；P_2为所求价格（单位：元/kg）；CPI_2为计算年的居民消费价格指数。

二　海洋受损生物资源修复费用

$$E_r = E_{r1} + E_{r2} \tag{4-8}$$

式（4-8）中，E_r为海洋受损生物资源修复费用（单位：元）；E_{r1}为投放生物物种的购置费（单位：元）；E_{r2}为生物资源修复所需的其他费用（单位：元），包括工人工资、物品运输、环境监测、修复效果评估等费用。

三　海洋大气调节服务损失价值

海洋生态系统通过海洋植物的光合作用吸收二氧化碳，释放氧气，对调节大气的碳氧平衡起到了至关重要的作用，而且海洋生态系统的各种生态过程对气候的调节也起到不可或缺的作用。虽然海洋油气资源日常开发对在海洋大气调节服务起主要作用的海洋生物的损害是少量的而且时间短暂，不容易估算，但是海洋油气开发过程中海洋油气平台、油气开采人工岛、开采船舶等都会排放一定的大气污染物，可利用影子工程法，将这部分污染物的处理费用作为海洋大气调节服务损失的估算价值。

笔者对数据获取的现实情况进行了充分考虑，根据计算所需的数据资料可得性的不同，提出了两种海洋大气调节服务损失价值的计算方法。方法一的适用情景是可以获得详细的废气处理项目的支出统计数据；方法二的适用情景是数据有限或不足的情况，可考虑使用邻近城镇的单位大气污染物的处理成本和该油气开发项目在单位时间内的大气污染物的排放量作为背景值，通过方法二进行近似计算。具体模型如下：

计算方法一：

$$E_a = E_{a1} + E_{a2} + E_{a3} + E_{a4} \qquad (4-9)$$

式（4-9）中，E_a 为海洋大气调节服务损失的价值（单位：元）；E_{a1} 为废气处理设备的购置费（单位：元）；E_{a2} 为工程费用，包括设备运输、设备安装和各种检测评估费用（单位：元）；E_{a3} 为设备运行维护费用，包括工人的工资，设备和消耗材料的购置、使用运行和维护、建设安装和维护费等（单位：元）；E_{a4} 为大气污染物排放权购买费。

计算方法二：

$$E_a = C \cdot N + N \cdot k \qquad (4-10)$$

式（4-10）中，E_a 为海洋大气调节服务损失的价值（单位：元）；C 为单位质量的大气污染物处理成本（单位：元/吨）；N 为单位时间内大气污染物排放量（单位：吨/年）；k 为大气污染物排放权（单位：元/吨）。

四 海洋污染处理服务损失价值

海洋生态系统具有水质净化、促进物质循环的功能，能够吸收和降解外来的污染物，但这种处理污染物的能力具有一定的限度。海洋油气资源开发过程中产生的非气态污染物主要是钻屑、泥浆、机舱含油污水、生活污水、生活垃圾和工业垃圾，这些污染物均需要经过一定的处理，处理方法有运回陆地处理和达标排放。可利用影子工程法将处理这些污染物的费用支出作为海洋污染处理服务损失的价值。

笔者根据计算所需数据资料的可得性不同，提出了两种海洋污染处理服务损失价值的计算方法。方法一适用于可获得详细废水处理项目的支出统计数据；方法二适用于若部分数据不足，可使用邻近城镇的单位非气态污染物的处理成本和该油气开发项目在单位时间内的非气态污染物的排放量为背景值，通过方法二进行近似计算。具体模型如下：

计算方法一：

$$E_w = E_{w1} + E_{w2} + E_{w3} + E_{w4} \qquad (4-11)$$

式（4-11）中，E_w为海洋污染处理服务损失的价值（单位：元）；E_{w1}为非气体污染物处理设备的购置费（单位：元）；E_{w2}为工程费用，包括设备运输、设备安装和各种检测、评估费用（单位：元）；E_{w3}为设备运行维护费用，包括工人的工资，设备和消耗材料的购置、使用运行和维护、建设安装和维护费等（单位：元）；E_{w4}为其他费用，包括常规海水监测、员工安全生产培训费等其他预防和减少污染的必要支出费用（单位：元）。

计算方法二：

$$E_w = \sum C_j \cdot N_j + \sum B_j \cdot C_j \qquad (4-12)$$

式（4-12）中，E_w为海洋污染处理调节服务损失的价值（单位：元）；C_j为单位质量的第j种污染物的处理成本（单位：元/吨）；N_j为生产阶段单位时间内第j种污染物的排放量（单位：吨/年）；B_j为建设阶段产生的第j种污染物的排放量（单位：吨）。

五　出海捕捞的机会成本

海洋油气资源开发活动在专门的海域内，但是这部分海域本身是可以进行捕鱼作业的，由于海洋油气开发对该海域的占用失去了捕鱼的机会。因此，利用机会成本法计算出海捕捞的机会成本，具体模型如下：

$$O_h = E_{h1} \cdot S \qquad (4-13)$$

式（4-13）中，O_h 为出海捕捞的机会成本（单位：元）；E_{h1} 为单位面积的捕捞生产价值（单位：元/km²）；S 为海洋油气资源开发所占海域面积（单位：km²）。

六　海水养殖的机会成本

海洋油气资源开发可能会影响周围用于渔业养殖的海域，养殖户被迫离开原养殖区。利用机会成本法计算海水养殖的机会成本，具体模型如下：

$$O_f = E_{h2} \cdot S \qquad (4-14)$$

式（4-14）中，O_f 为海水养殖的机会成本（单位：元）；E_{h2} 为单位面积的养殖生产价值（单位：元/km²）；S 为海洋油气资源开发所占海域面积（单位：km²）。

七　居民的身体健康损失

海洋油气资源开发直接造成海洋生物质量下降、数量减少和环境污染，但是海洋生态系统功能只有在完整的生态构造条件下才能正常发挥。海洋生态系统为人类生存提供了必要的食品和环境，只有在良好的生存环境和安全的食品条件下，人类才会拥有健康的身体和心理。身体健康损失包括因污染患病和死亡两项损失，即患病所致损失 = 患者直接劳动力损失 + 增加的医疗费用 + 陪护人员的误工损失。死亡率增加损失 = ［社会平均工资/（人·年）］×（增加的死亡人数）×（平均期望年龄 - 平均早逝年龄）。由于"增加的死亡人数"这个数据很难辨别和统计哪些是由海洋油气开发造成的，所以考虑现实数据的不确定性，将海洋油气资源开发给周围居民带来的健康损失，包含在预防和减少生态环境恶化的费用支出里，建议不必单独计算。

八 海洋生态损害补偿总价值

海洋油气资源开发生态补偿是指海洋油气资源的开发者和受益者以生态损害的价值评估为依据向海洋开发利用活动的受害者和保护者进行相应的补偿。生态损害的补偿范围应包括海洋油气资源开发过程中海洋生态系统服务的价值损失和由于开发给其他海洋利用者带来的机会成本损失。

根据海洋生态损害的评估模型，结合现行的一些关于补偿的技术规程，确定海洋油气资源开发生态补偿价值的评估模型如下：模型一是根据海洋油气开发过程中建设、安装和维护污染处理装置的所有支出费用的数据，计算得到的补偿金额与实际补偿金额更为接近。但是，若没有上述的相关数据，可选取模型二。模型二是用陆地上污染处理成本近似的估算海洋油气资源开发过程中污染物处理的费用。

模型一：

$$M = \left(\alpha \cdot E_f + E_r + E_a + E_w + \frac{1 - \left[1/(1+r)^t \right]}{r} \cdot O \right) \times 10^{-4} \quad (4-15)$$

式（4-15）中，M 为海洋油气开发生态补偿金额（单位：万元）；α 为海洋生物资源直接损害的补偿系数，通常 $\alpha = 3$；E_f 为海洋生物资源直接损失的经济价值（单位：元）；E_r 为海洋生物资源修复费（单位：元）；E_a 为海洋大气调节服务损失的价值（单位：元）；E_w 为海洋污染处理服务损失的价值（单位：元）；O 为渔民年机会成本损失的价值（单位：元/年）；r 为贴现率，根据国家海洋局《海洋溢油生态损害评估技术导则》中的要求，选取3%作为社会折现率。t 为海域占用年限（单位：年），区分三种情况：占用年限低于3年的，按3年补偿；占用年限3—20年的，按实际占用年限补偿；占用年限20年以上的，按不低于20年补偿。

模型二：

$$M = \left\{ \alpha \cdot E_f + E_r + \sum B_j \cdot C_j + \frac{1 - \left[1/(1+r)^t \right]}{r} \cdot \right.$$

$$\left. (E_a + \sum C_j \cdot N_j + O) \right\} \times 10^{-4} \qquad (4-16)$$

式（4—16）中，M 为海洋油气开发生态补偿金额（单位：万元）；α 为海洋生物资源直接损害的补偿系数，通常 $\alpha = 3$；E_f 为海洋生物资源直接损失的经济价值（单位：元）；E_r 为海洋生物资源修复费（单位：元）；B_j 为建设阶段产生的第 j 种污染物的排放量（单位：吨）；C_j 为单位质量的第 j 种污染物的处理成本（单位：元/吨）；t 为海域占用年限（单位：年），占用年限低于 3 年的，按 3 年补偿，占用年限为 3—20 年的，按实际占用年限补偿，占用年限为 20 年以上的，按不低于 20 年补偿；r 为贴现率，根据国家海洋局《海洋溢油生态损害评估技术导则》中的要求，选取 3% 作为社会折现率；E_a 为海洋大气调节服务损失的价值（单位：元）；N_j 为单位时间内第 j 种污染物排放量（单位：吨/年）；O 为渔民年机会成本损失的价值（单位：元/年）。

渔民年机会成本损失的经济价值计算模型：

$$O = O_h + O_f \qquad (4-17)$$

式（4—17）中，O 为渔民年机会成本损失的经济价值（单位：元/年）；O_h 为出海捕捞的年机会成本（单位：元/年）；O_f 为海水养殖的年机会成本（单位：元/年）。

第四节　案例研究——渤中 19 - 4 油田综合调整项目

一　渤中 19 - 4 项目概况

《渤中 19 - 4 油田综合调整项目环境影响报告书》显示：渤中 19 - 4 油田位于渤海中部海域，南距渤中 25 - 1 油田 FPSO（即浮式生产储油卸油装置）约 15km，西北距天津市塘沽 145km，东南距山东省龙口市

132km，距离东营市 30km。渤中 19 - 4 构造主体为挟持在一组北掉断层之间的复杂断块构造，由三个局部断块组成，依次为北块、中块和南块。目前动用北块、南块、开发目的层系为明下段和馆陶段，油藏埋深为垂深 1200—1920m。渤中 19 - 4 油田于 2010 年 4 月 23 日正式投产，目前共有开发井 30 口，其中 A 平台有 6 口井；B 平台有 24 口井。为了完善井网和提高储量动用程度，挖掘油储量潜力，最终提高油田采收率，需要对该油田进行综合调整。综合调整的主要建设内容包括：(1) 在渤中 19 - 4WHPB 平台西北侧新建 1 座 8 腿井口平台 WHPC，设置 32 个口槽；(2) 在渤中 19 - 4WHPB 平台西南侧新建 1 座简易无人井口平台 WHPD，设置 16 个井槽；(3) 在 WHPC 平台计划新钻 21 口井，WHPD 平台计划新钻 10 口井；(4) 新建 WHPD 平台至 WHPC 平台海底混输管线、注水管线和海底电缆共计 3 条。

二　渤中 19 - 4 日常开发的生态损害

渤中 19 - 4 油田综合调整项目是在 2010 年进行，为保证计算的精确度且使最终的评估结果能够最大化地表现出实际情况，本章用于计算生态补偿的数据值都选自 2011 年的数据。由于缺少大气污染方面的数据，此估算结果会偏小一些。

(一) 海洋生物资源的价格

将 2011 年海水养殖的产量视为市场的需求量，根据农业部渔业局发布的《中国渔业统计年鉴》(2011) 中的山东省海水养殖产量数据得到表 4 - 2。

表 4 - 2　　　　　　　　　2011 年山东海水养殖产量

种类	鱼类	甲壳类	贝类	海藻	其他
产量（t）	160897	101551	3243826	507267	121234

资料来源：作者整理数据并自制表格。

2011 年山东省海水养殖总产量为 4134775 吨，其中鱼类占 3.89%，甲壳类占 2.46%，贝类占 78.45%，海藻占 12.68%，其他占 2.93%。

采用 2013 年山东省青岛市的海产品价格，由国家统计局数据库获得 2011 年、2012 年、2013 年我国居民消费价格指数分别为 105.4、102.6、102.6。根据价格修正公式，得到 2011 年山东省青岛市的海产品价格（见表 4-3）。

表 4-3   2011 年山东海洋生物单位价格

种类	鱼类	甲壳类	贝类	海藻	其他
价格（元/kg）	33.58	125.42	10.16	11.74	175.67

资料来源：作者整理数据并自制表格。

《渤中 19-4 油田综合调整项目环境影响报告书》中提供的数据具有很高的概括性，因此需要再对上述的海洋生物价格进行处理。利用模型：

$$E = \sum E_i \cdot \alpha_i \qquad (4-18)$$

式（4-18）中，E 为成体生物的平均价格（单位：元/尾）；E_i 为第 i 种海洋生物的价格（元/尾）；α_i 为第 i 种生物需求量占生物总需求量的比例。

得到海洋成体生物资源的价格为：

$$E = 33.58 \times 0.0389 + 125.42 \times 0.0246 + 10.16 \times 0.7845 +$$
$$11.74 \times 0.1227 + 175.67 \times 0.0293 = 18.95 \text{（元/kg）}$$

根据中国惠农网上提供的鲈鱼鱼苗的参考价格，再考虑到鱼卵自然孵化、自然发育，因此假设鱼苗的价格为 0.1 元/尾。

由《2011 年中国渔业统计年鉴》中提供的渤海总捕捞量数据和计算得到的渤海总捕捞产值相比得到底栖生物的单位价格为 10.16 元/kg。

（二）污染物处理的成本

2011 年一般工业固废的单位治理成本的国家标准为 26 元/t，生活垃圾的单位治理成本是 45 元/t。重金属废水达到 GB25466—2010 铅锌工业污染物排放标准成本为 6.64 元/t。每立方米生活污水的处理成本是 1.485 元，每立方米工业污水的处理成本是 1.665 元。污染物处理成本如表 4 - 4 所示。

表 4 - 4　　　　　　　　　　　污染物单位处理成本

污染物	单位处理成本
一般工业固废	26 元/t
生活垃圾	45 元/t
生活污水	1.485 元/m³
工业污水	1.665 元/m³

资料来源：作者整理数据并自制表格。

（三）单位面积海域的捕捞产值

根据农业部渔业局发布的《2011 年中国渔业统计年鉴》中的记载，在渤海海域捕鱼的地区有天津、河北、辽宁、山东、江苏，由这五个地区在渤海海域的海洋捕捞产值估算渤海海域单位面积的捕捞产值。将《2011 年中国渔业统计年鉴》中的渤海海域海洋捕捞产量数据进行整理，得到表 4 - 5。

表 4 - 5　　　　　　　　　　　海洋捕捞情况

地区	总捕捞量（t）	渤海海域捕捞量（t）	比例（%）	总捕捞产值（万元）	渔用机器成本（万元）
天津	17051	8413	49.34	63905.00	8130
河北	251761	201512	80.04	292570.61	9092
辽宁	1061607	407565	38.39	1064626.00	104046
山东	2384444	441057	18.50	2164668.17	639876
江苏	568108	265	0.04	899318.00	157914.79

资料来源：作者整理数据并自制表格。

海域单位面积净捕捞产值的计算方法为：

$$Y_1 = \sum_{i=1}^{5} (SF_i - FM_i) \times \alpha_i \qquad (4-19)$$

式（4 - 19）中，Y_1 为渤海海域单位面积净捕捞产值（单位：元/

km^2）；SF_i 为省份 i 的总捕捞产值（单位：万元）；FM_i 为省份 i 捕鱼时所用的机器的投入成本（单位：万元）；α_i 为省份 i 在渤海海域的捕捞量占其总捕捞量的比例。

已知渤海海域面积 77000km^2，渤海海域单位面积净捕捞产值为 117608.9 元。具体计算如下：

$$Y_1 = \big[\ (63905.00 - 8130) \times 0.4934 + (292570.61 - 9092) \times$$
$$0.8004 + (1064626.00 - 104046) \times 0.3839 + (2164668.17$$
$$-639876) \times 0.1850 + (899318.00 - 157914.79) \times 0.004 \big]$$
$$\times \frac{1}{7.7} = 117608.9 \ （元/km^2）$$

（四）单位面积海域的养殖产值

与渤海毗邻的地区有天津、河北、辽宁、山东等，因此考虑这四个地区的海水养殖情况，根据《2011 年中国渔业统计年鉴》中的数据整理得到表 4-6。

表 4-6　　　　　　　　　海水养殖情况

地区	海水养殖产值 （万元）	渔用饲料产值 （万元）	渔用药物产值 （万元）	养殖面积 （公顷）
天津	35449	2774.12	—	4110
河北	347142.39	18921	—	134264
辽宁	2301167	144284	5990	751387
山东	3833126.82	194664.52	38006.67	512126

资料来源：作者整理数据并自制表格。

单位面积海域的海水养殖净产值的计算模型为：

$$Y_{21} = \sum_{i=1}^{4} \left(MF_i - FC_i - H_i \right) \qquad (4-20)$$

$$Y_2 = \frac{\sum_{i=1}^{4} \left(MF_i - FC_i - H_i \right)}{\sum_{i=1}^{4} S_i} = \frac{Y_{21}}{S} \qquad (4-21)$$

式（4-20）、（4-21）中，Y_2 为单位面积海域的海水养殖产值

（单位：元/km²）；MF_i 为省份 i 的海水养殖总产值（单位：万元）；FC_i 为省份 i 的渔用饲料成本（单位：万元）；H_i 为省份 i 的渔用药物成本（单位：万元）；S_i 为省份 i 的海水养殖面积（单位：km²）；Y_{21} 为渤海海域海水养殖的净产值（单位：万元）；S 为渤海海域海水养殖的总面积（单位：km²）。

单位面积海域的海水养殖净产值为 4360013 元，具体计算如下：

$$Y_{21} = （2301167 - 144284 - 5990） + （3833126.82 - 194664.52 - 38006.67） + （35449 - 2774.12） + （347142.39 - 18921）$$
$$= 2150893 + 3600456 + 32674.88 + 328221.4 = 6112245（万元）$$
$$S = （4110 + 134264 + 751387 + 512126） × 0.01 = 14018.87 km²$$

$$Y_2 = \frac{Y_{21}}{S} = \frac{6112245 × 10000}{14018.87} = 4360013（元/km²）$$

三　渤中 19 - 4 日常开发生态损害的补偿价值评估

假设油田寿命为 20 年，在贴现率为 3% 时[1]，估算得出渤中 19 - 4 油田综合调整项目从建设到废弃总共的生态损害补偿价值。

（一）海洋生物资源损失价值

根据《渤中 19 - 4 油田综合调整项目环境影响报告书》中提供的数据，得到海上建设阶段造成的生物资源损失量，整理得到表 4 - 7。

表 4 - 7　　　　　　　　　　海洋生物资源的直接损失

生物资源	浮游动物（kg）	鱼卵（粒）	仔稚鱼（尾）	幼鱼（尾）	成体鱼（kg）	底栖生物（kg）
损失量	15537	6499200	4204000	6865	40.47	284.2

资料来源：作者整理数据并自制表格。

根据营养级与生态效率的转化关系，按照生物学的十分之一定律，

---

[1] 根据《海洋生态损害评估技术导则》，对少于 50 年的生态补偿活动，一般采用 3% 贴现率。

将浮游动物总生物量转化为低级游泳动物的生物量。因此，将损失的浮游动物数量的十分之一转化为成体生物，通过成体生物损失的经济价值估算损失的浮游动物的经济价值。海洋生物资源直接损失的具体计算过程如下：

根据式（4-2）计算得到损失的鱼卵和仔稚鱼的经济价值 E_{f1} 为27519.2 元。

$$E_{f1} = （6499200 \times 0.01 + 4204000 \times 0.05） \times 0.1 = 27519.2（元）$$

根据式（4-4）计算得到损失的幼鱼的经济价值为13009.17 元。

$$E_{f2} = 6865 \times 0.1 \times 18.95 = 13009.17（元）$$

根据式（4-5）计算得到损失的成体鱼的经济价值为30209.52 元。

$$E_{f3} = （15537 \times 0.1 + 40.47） \times 18.95 = 30209.52（元）$$

根据式（4-6）计算得到损失的底栖生物的经济价值为2887.472 元。

$$E_{f4} = 284.2 \times 10.16 = 2887.472（元）$$

因此，海洋生物资源直接损失的经济价值为73625.362 元。

$$E_f = E_{f1} + E_{f2} + E_{f3} + E_{f4} = 27519.2 + 13009.17 + 30209.52 + 2887.472$$
$$= 73625.362（元）$$

（二）海洋环境功能损失价值

将海洋油气资源开发过程分为海上建设阶段和运营阶段：海上建设阶段产生的污染物主要是泥浆、钻屑、悬浮沙、生活污水、生活垃圾、船舶机舱含油污水和工业垃圾；运营阶段产生的污染物主要是生产水、船舱含油污水、生活污水、生活垃圾、工业垃圾和重金属离子。根据《渤中19-4 油田综合调整项目环境影响报告书》中提供的数据，整理得到表4-8、表4-9、表4-10、表4-11。

表4-8　　　　　　　　　　　项目运行期污染物产生情况

污染物		主要污染因子	污染物的产生量
生产水		石油类	$486.4 \times 10^4 \mathrm{m}^3/\mathrm{a}$
平台	生活污水	化学需氧量	$13116.6 \mathrm{m}^3/\mathrm{a}$
	生活垃圾	食品废弃物、食品包装等	$56.21 t/\mathrm{a}$

续表

污染物		主要污染因子	污染物的产生量
船舶	生活污水	化学需氧量	485.8m³/a
	生活垃圾	食品废弃物、食品包装等	2.1t/a
	船舱含油污水	石油类	173.5m³/a
工业垃圾		废弃边角料、油棉纱、包装材料等	166.3t/a
重金属离子		锌离子	372.42kg/a

资料来源：作者整理数据并自制表格。

表 4-9   海上建设各阶段主要污染物

污染物		主要污染因子	污染物产量
泥浆	不含油泥浆	悬浮物	1500.4m³
	含油泥浆	石油类	1510.5m³
钻屑	不含油钻屑	悬浮物	18912m³
	含油钻屑	石油类	768m³
悬浮沙	海管铺设	悬浮物	1320t
	电缆铺设	悬浮物	495t
	平台打桩	悬浮物	391.8t
生活污水		化学需氧量	30329.25m³
生活垃圾		食品废弃物、食品包装等	130t
船舶机舱含油污水		石油类	1197m³
工业垃圾		废弃边角料、油棉纱、包装材料	315t

资料来源：作者整理数据并自制表格。

表 4-10   海上建设污染物汇总

污染物	污染物总量
含油污水	50741.65m³
不含油污水	3475.5m³
工业垃圾	315t
生活垃圾和悬浮沙	2336.8t

资料来源：作者整理数据并自制表格。

表 4 – 11　　　　　　　　　　运行期污染物汇总

污染物		污染物的产量	总产量
含油污水	生产水	$486.4 \times 10^4 \, m^3/a$	4864163.5m³/a
	船舱含油污水	$173.5 m^3/a$	
不含油污水	生活污水	—	13602.4m³/a
固体垃圾	生活垃圾	—	58.31t/a
	工业垃圾	—	166.3t/a
重金属离子	—		372.42kg/a

资料来源：作者整理数据并自制表格。

　　将油气开发过程中产生的污染物分为含油污水、不含油污水、生活垃圾、固体垃圾和金属离子。将含油污水视为工业污水，不含油污水视为生活污水，工业垃圾视为一般工业固废。将污染物处理成本和污染的数量代入式（4 – 12）得到渤中 19 – 4 油田项目建设阶段海洋环境功能的年损失价值为 202992 元，运营阶段的海洋环境功能的年损失价值为 8125982 元。具体计算如下：

　　海上建设阶段：

$$E_{w1} = 50741.65 \times 1.665 + 3475.5 \times 1.485 + 315 \times 26 + 2336.8 \times 45 = $$
$$84484.85 + 5161.118 + 8190 + 105156 = 202992 \text{（元）}$$

　　运营阶段：

$$E_{w2} = 486413.5 \times 1.665 + 13602.4 \times 1.485 + 166.3 \times 26 + 58.31 \times$$
$$45 + 0.37242 \times 6.64 = 8098832 + 20199.56 + 4323.8 +$$
$$2623.95 + 2.47 = 8125982 \text{（元）}$$

　　（三）出海捕捞的机会成本

　　根据《渤中 19 – 4 油田综合调整项目环境影响报告书》上提供的该项目的最大影响面积为 $256km^2$ 和渤海单位海域捕捞产值为 117608.9 元，利用式（4 – 13）计算得到对渔民出海捕捞的发展机会的年补偿金额为 30107878 元。具体计算如下：

$$O_h = 256 \times 117608.9 = 30107878 \text{（元）}$$

　　（四）海水养殖的机会成本

　　渤海海域单位面积海水养殖产值为 4360013 元，利用式（4 – 14）

计算得到对渔民海水养殖的发展机会的年补偿金额为 1116163328 元。具体计算如下：

$$O_f = 256 \times 4360013 = 1116163328 （元）$$

（五）总补偿价值的估算

假设渤中 19 - 4 油田的开采寿命为 20 年，将海洋生物资源损失的价值、海洋环境功能服务损失的价值、渔民出海捕捞的机会成本和海水养殖的机会成本代入式（4 - 16），具体计算如下：

$$M = \left[73625.36 \times 3 + 202992 + \frac{1 - [1/(1 + 0.03)^{20}]}{0.03} \times （8125982 + \right.$$

$$\left. 30107878 + 1116163328） \right] \times 10^{-8} = 1717494 （万元）$$

综上所述，渤中 19 - 4 油田生态补偿的价值估算结果见表 4 - 12。

表 4 - 12　　　　　　　　渤中 19 - 4 油田生态补偿估算结果

补偿类型	海洋生物资源补偿的价值	海洋环境功能补偿的价值			出海捕捞机会成本	海水养殖机会成本	贴现后总计
		建设阶段	运营阶段	小计			
补偿金额（万元）	22.09	20.30	12089.41	12109.71	44792.92	1660569	1717494

资料来源：作者自制。

由表 4 - 12 中的数据不难发现，在渤中 19 - 4 油田正常施工作业的情况下，该油田在开采寿命为 20 年的情况下，生态补偿总金额为 1717494 万元。其中，海洋油气资源开发运营阶段的海洋环境功能补偿的价值 12089.41 万元显然比海洋生物资源的直接损失补偿价值 22.09 万元高，原因是考虑到海洋生态环境的日常维护、潜在间接损害和长期修复的需要，因而无论是从补偿周期、补偿范围还是补偿对象上，对海洋生态环境功能的补偿远超过海洋生物资源直接损失的补偿资金投入。另外，由于海洋油气资源日常开发是在国家允许的开发和排污范围内正常进行，因而不同于溢油事故的突发性和高危害性造成对居民身体和心理健康的严重危害。海洋油气资源的日常开发对当地居民的影响主要表现为对海域的占用，会致使当地渔民和养殖户丧失发展机会，因而出海捕捞和海水养殖等机会成本损失很高，这个结果也正好验证了海洋油气资源的日常开发主要是损害了临海居民的发展机会。

第五节 本章小结

1. 本章通过对海洋生态系统服务的分析，讨论海洋生态价值，研究海洋油气资源日常开发可能带来的生态损害，利用市场价值法、影子工程法、机会成本法等方法构建了海洋油气资源日常开发生态补偿的价值评估模型。并将该模型应用在正常生产作业的渤中 19 – 4 油田项目，估算出总生态补偿价值为 1717494 万元。虽然此结果只是一个估算结果，但是它仍然可以说明海洋油气资源的日常开发带来了海洋生物资源损害、海洋环境功能损害和临海居民的发展机会损失，且临海居民的发展机会损失最为严重。

2. 评估过程和结果给我们的启示是：一方面，海洋油气开发企业在海洋油气资源的日常开发活动中，一定要做好风险预防和环境保护工作，以零污染排放为目标。将开发过程中的每个环节产生的污染物，利用污染净化设备和净化工序进行妥善处理，模拟可能发生的生态损害风险，进行防护费用的预先提取和生态保证金的预先缴纳，建立日常风险管控机制。另一方面，政府应摒弃"末端治理"的旧思路，充分发挥海洋油气资源开发生态补偿机制的预防作用，对海洋油气资源日常开发加强源头监管和日常监管，促进海洋油气资源的绿色开发和生态环境的有效保护。此外，临海居民的健康和发展机会在日常开发中受影响较大，因此，应采取各种措施及时补偿受损居民，并充分保障受损居民和社会公众对生态补偿和环境保护的参与和监督权利。

第五章　突发性海洋溢油的生态损害
补偿价值评估

突发性海洋溢油是海洋油气资源开发的另一种生态损害情景。随着海洋油气资源开发力度的日益加大，突发性海洋溢油事故的发生风险正在与日俱增。海洋溢油事故由于其突发性，污染的流动性、扩散范围大、破坏性强的特点，不仅对污染区的资源和生态环境造成严重损害，而且对地区的社会经济造成极为不利的影响。海洋溢油事故的频繁发生，对溢油污染造成的生态损害进行科学合理的补偿十分必要，然而我国海洋溢油污染生态损害的价值评估难题制约了补偿工作的有效开展。如何在溢油事故发生之后及时、准确地量化损害？本章从生态资源和生态环境两大角度评估溢油事故造成的海洋生态损害，确定海洋溢油生态损害的补偿价值评估指标，并基于动态损害分析的思想，分类构建海洋溢油生态损害的价值评估模型，并以蓬莱 19 - 3 海洋溢油事故为典型代表进行案例研究。通过模型构建和案例研究，切实推进突发性海洋溢油事故的生态补偿工作。

第一节　突发性海洋溢油的生态损害
补偿价值评估框架

突发性海洋溢油不仅会导致海洋生物种群的减少和突变、海产品的数量和质量下降，而且还破坏海洋生态系统结构，损害海洋生态系统供给服务、文化服务、调节服务和支持服务的价值。溢油中的有害物质容易被初级生物吸收，并且在整个海洋食物链中累积和富集，被人们食用后甚至威胁身体健康和生命。溢油污染还会使海滩风景区和旅游景观受到破坏，也会减少海洋生态系统在文化服务方面所创造的价值。对海洋溢油造成的生态损害进行补偿价值评估是生态补偿标准的确定依据。

一 突发性海洋溢油的生态损害类型

（一）对海洋资源造成的损害

海上溢油事故所具有的突发性、偶然性、瞬时性和污染的流动性等特点，会使大量的毒害物质短时间内入侵海洋生态系统，油污还会随着季风、洋流等漂移或扩散，污染范围进一步扩大。溢油对生物的生长环境造成严重破坏，导致一些海洋生物无法生存，甚至物种灭绝。还可能破坏鱼类的产卵、洄游场地，从而严重危及鱼类种类的多样性，对海洋生物的个体和群体造成威胁。当然，这种损害也可能会表现为个体的财产损失，比如污染导致海水养殖业无法进行，渔民的损失就会很严重。另外，对海洋资源的损害直接破坏了海洋经济可持续发展的物质基础，会影响到海洋生物的物种、种群、群落、生境及生态食物链的平衡。

（二）对海洋生物群落造成的损害

海洋溢油事故的发生会使大量石油快速进入海洋，造成海洋生物种群的衰退。附着在海面的油膜会降低太阳辐射，削弱浮游植物的光合作用，造成其数量减少。而浮游植物处于海洋食物链的最底层，浮游植物的减少引发整个食物链中海洋生物数量的减少。此外，浮游植物是海洋中氧气的主要供应者，随着浮游植物的减少，海水中溶解氧的含量降低，导致厌氧的种群增殖，好氧生物衰减，最终造成生物群落结构的改变。

（三）对海洋生态系统服务功能造成的损害

海洋溢油也对海水质量、海洋生物、海洋沉积物环境等造成损害，对临海居民的生产生活产生影响，造成健康和经济利益的损失。因此，海洋溢油事故的生态损害具有普遍性。近年来，海洋溢油事故发生频繁，其损害的区域类型也出现多样化趋势，基本包括了河口、海湾、海洋保护区、海水浴场、滨海旅游度假区、养殖区、海洋生物产卵场等所有的海洋区域类型。

二　突发性海洋溢油的生态损害补偿价值评估指标

为了能够更加科学、准确、合理地评估海洋油气开发过程中突发溢油事故对海洋生态的损害并进行补偿，本章在国家海洋局制定的《海洋溢油生态损害评估技术导则》基础上，结合对相关研究的分析，从生物资源和生态环境两大角度考虑，总结提炼出突发性海洋溢油的生态损害补偿价值评估的内容，主要包括以下 7 个方面：

（1）应急处置及清除污染费用

（2）海洋生物资源损失价值

（3）海洋生物资源修复费用

（4）海洋环境容量损失价值

（5）海洋生态服务功能损失价值

（6）海洋生境修复费用

（7）海洋溢油监测评估费用

主要通过资源等价分析法、生境等价分析法、市场价值法、影子工程法和直接统计法计算出每项的额度，最后加总求和。突发性海洋溢油生态损害的补偿价值 = 应急处置及清污费用 + 海洋生物资源损失价值 + 海洋生物资源修复费用 + 海洋环境容量损失价值 + 海洋生态服务功能损失价值 + 海洋生境修复费用 + 海洋溢油监测评估费用。评估指标及框架如图 5 - 1 所示。

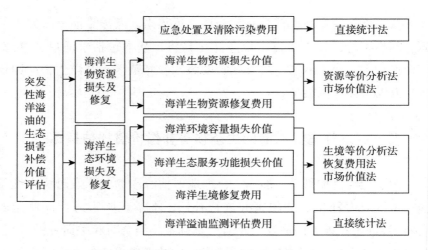

图 5 – 1 突发性海洋溢油的生态损害补偿价值评估框架

资料来源：作者自制。

第二节 突发性海洋溢油的生态损害补偿价值评估方法

一 等价分析法的含义

等价分析法充分考虑到了生态系统在受损和修复期间各项指标随时间发生的变化，在一定程度上提高了评估的准确性，并且该方法通过计算补偿生境面积得到最终的生态补偿额，避免了对生态系统服务功能损失逐一计算时产生的重复计算问题。本章将利用等价分析法、动态损害率的评估思想，展开对突发性海洋溢油的生态损害补偿价值评估研究。

目前等价分析法有两种类型，分别为生境等价分析法（HEA）和资源等价分析法（REA）。HEA 法按照"生态服务—生态服务"的原则确定生境栖息地的损失和收益，假设公众愿意接受修复工程和受损生境间的一对一服务交换，以单位补偿修复工程的服务对换单位受损生境的服务，从而补偿生境服务功能价值的损失；REA 法是由 HEA 法演化而来，REA 法按照 "生物资源—生物资源" 的原则确定生物资源的损失和收益，两者的概念类似，但量化单位不同，REA 采用 "生物—年" 量化服务价值，即损失的生物数量由生物及其繁殖的后代决定。Mccay 和 Rowe 等认为 HEA 和 REA 是评估生态服务功能损失的两种最好的方法。特别说明，为方便讨论等价分析法，本章在涉及等价分析法的变量单位时，均按年、元、千克、平方米定义。

二　等价分析法的参数说明

（一）年服务水平的变化

在讨论年服务水平时，假设其变化为线性变化。在实际应用中，服务水平的变化函数还有 Logistic 函数和一般的非线性凹凸函数。有学者将由 Logistic 函数和一般的非线性凹凸函数得到的结果与线性函数的结果进行对比，发现 Logistic 函数的结果比线性函数得到的结果有所减少；使用凹凸函数时的结果比线性函数得到的结果大。因此，笔者认为应根据受损生境（资源）和补偿修复工程的特点，确定相应的服务水平变化函数。为了讨论的方便和控制计算结果的误差，对服务水平的变化均采用线性变化。

（二）损失率的确定

等价分析法要求受损生境和补偿修复工程采用的评价指标相同。生物监测法和多指标综合评价法是目前评价生态系统健康状况最常用的方法。而底栖动物处于生态系统的中间环节，是水生态系统中物质循环、能量流动的转移者，在这两个重要的生态过程中起着承上启下的关键性作用。底栖动物对于维持水生态系统功能的完整性至关重要，在 90% 的生态系统健康评价项目中底栖无脊椎动物被选择为指示性物种。考虑到生态系统的复杂性和底栖动物在生态系统中的作用，为了快速得到生态服务功能的变化率，故采用底栖生物作为 HEA 法的指示生物。

三 生境等价分析方法

生境等价分析方法（HEA）假设公众愿意接受修复工程和受损工程之间进行一对一的服务互换，适用条件是：（1）用通用的度量方法定义自然资源服务功能，使其既适用原生境提供的服务，又适用补偿性修复工程提供的服务；（2）受损和替代导致的生境服务变化足够小，且单位服务价值独立于服务水平变化。

HEA 法的第一步是确定受损量的现值。其中有八个参数需注意，这八个参数分别为：（1）损害开始时刻；（2）受损服务的原基线水平（通常定义为100%）；（3）服务衰退方程（通常定义为瞬间，认为事故造成的损害在瞬间完成）；（4）受损范围（生境范围或者资源总量）；（5）受损程度（事故发生前后服务水平的变化）；（6）开始修复的时刻；（7）服务恢复方程；（8）补偿修复工程提供的最大服务。

依据上述八个重要参数，假设受损服务能够自然线性恢复到原服务水平（基线水平），为方便说明，下面将结合图5-2进行描述。若溢油事故发生在 T 年，生境服务价值迅速从基线水平下降到最低水平，这样的水平一直保持到自然恢复开始的时刻 T_1，之后生境服务水平逐渐上升至基线水平。图中 A 表示溢油引起的生境服务价值总损失。

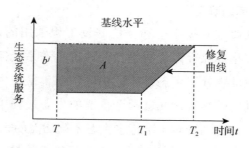

图5-2 受损生境服务价值损失

资料来源：作者自制。

受损生境服务价值总损失的计算模型如下：

$$A = J \times V_j \times \sum_{t=T}^{T_2} (1+r)^{c-t} \times \frac{[b^j - 0.5\ (x_{t-1}^j + x_t^j)]}{b^j} \qquad (5-1)$$

式中，A 表示溢油引起的生境服务价值总损失（单位：元）；t 为时间（单位：年）；T 为溢油事故发生的时间（单位：年）；T_2 为受损生境服务功能恢复到基线服务水平的时间（单位：年）；J 为受损生境的面积（单位：平方米）；V_j 为受损生境的年服务价值（单位：元/年）；r 为贴现率；c 为开始计算贴现的时间（单位：年）；b^j 为单位面积受损生境的基线服务水平；x_t^j 为 t 年末受损生境提供的服务水平。

HEA 法的第二步是确定补偿修复工程提供的服务的现值。在计算补偿性工程提供的服务时，有六个参数需要注意：（1）补偿工程的初始服务水平（若建立新的生境，替代生境的初始服务水平为 0）；若在已退化的生境上建立恢复工程，替代生境的初始服务水平通常是大于 0；（2）开始供给额外服务的时刻；（3）补偿工程的服务供给方程（供应服务与时间之间的关系）；（4）修复工程的最大服务供应；（5）补偿项目的持续时间；（6）补偿资源与受损资源的相对价值。

不仅如此，对于补偿性修复工程的建立方式有两种情况可供选择：一种是建立保护区，另一种是建立新的生境能够替代原生境提供替代性服务。不同的选择，导致补偿恢复生境的面积计算公式也不同，下面将对这两种选择情况分别进行讨论。

第一种选择：补偿修复工程为建立保护区，即不存在二次损失，二次损失是因替代生境修复工程的建立而造成该生态系统服务功能的损失。假设补偿修复工程建立在已退化生态系统的基础上，补偿修复工程提供的生态服务水平呈线性增长到最高服务水平。如图 5-3 所示，补偿修复工程于 N 年开始建设；补偿修复工程的生态服务价值于 N_1 年达到最高服务水平，且保持最高服务水平到 N_2 年，图中 D 表示替代服务的总补偿价值。

不存在二次损失时，补偿修复工程提供的生态系统服务总补偿价值的模型如下：

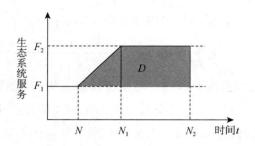

图 5-3 不存在二次损失的补偿模型

资料来源：作者自制。

$$S = Q \times V_p \times \sum_{t=N}^{N_2} (1+r)^{c-t} \times \frac{[0.5 \ (x_{t-1}^p + x_t^p) \ - b^p]}{b^j} \quad (5-2)$$

式（5-2）中，S 表示替代服务的总补偿价值（单位：元）；t 为时间（单位：年）；N 为补偿生境开始提供服务的时间（单位：年）；N_2 为补偿生境不再提供服务的时间（单位：年）；Q 为补偿生境的面积（单位：平方米）；V_p 为补偿生境的年生态服务价值（单位：元/年）；r 为贴现率；c 为开始计算贴现的时间（单位：年）；b^j 为单位面积受损生境的基线服务水平；x_t^p 为 t 年末恢复生境提供的服务水平；x_t^j 为 t 年末补偿生境提供的服务水平；b^p 为单位面积补偿生境的初始服务水平。

第二种选择：补偿修复工程为建立新的生境，即存在二次损失。假设溢油事故发生之后，将受损生境附近某一低服务价值的生境改造成受损生境类型的新生境，且前后这两种生境类型不同。如图 5-4 所示，补偿修复工程于 N 年开始建设，服务水平呈线性增长；服务价值较低的生境的生态服务价值从 N 年开始丧失持续到 N_2 年；补偿修复工程的生态服务价值于 N_1 年达到最高服务水平，且保持最高服务水平到 N_2 年。

图 5-4 中，$B+C$ 表示低服务价值的生境因修复工程建设而损失的生态服务价值总量；$C+D$ 表示新建生境从建立到结束服务提供的生态服务价值总量，因此（$C+D$）-（$B+C$）表示新建生境提供的净服务价值收益。

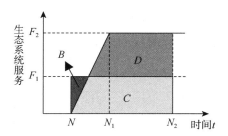

图 5 - 4　存在二次损失的补偿模型

资料来源：作者自制。

存在二次损失时，补偿修复工程提供的生态服务价值总补偿量的计算模型如下：

$$B + C = \sum_{t=N}^{N_2} V_t \times Q \times (1+r)^{c-t} \qquad (5-3)$$

$$C + D = Q \times V_p \times \sum_{t=N}^{N_2} (1+r)^{c-t} \times \frac{[0.5 (x_{t-1}^p + x_t^p) - b^p]}{b^j} \qquad (5-4)$$

$$S = (C+D) - (C+B) = D - B = Q \times V_p \times \sum_{t=N}^{N_2} (1+r)^{c-t} \times$$

$$\frac{[0.5 (x_{t-1}^p + x_t^p) - b^p]}{b^j} - \sum_{t=N}^{N_2} V_t \times Q \times (1+r)^{c-t} \qquad (5-5)$$

式（5-3）—式（5-5）中，S 表示替代服务的总补偿价值（元）；t 为时间（单位：年）；N 为补偿生境开始提供服务的时间（单位：年）；N_2 为补偿生境不再提供服务的时间（单位：年）；Q 为补偿生境的面积（单位：平方米）；V_p 为补偿生境的年生态服务价值（单位：元/年）；V_t 为服务价值生境的年生态系统服务价值（单位：元/年）；r 为贴现率；c 为开始计算贴现的时间（单位：年）；b^j 为单位面积受损生境的基线服务水平；x_t^p 为 t 年末修复生境提供的服务水平；x_t^j 为 t 年末补偿生境提供的服务水平；b^p 为单位面积补偿生境的初始服务水平。

HEA 法第三步是计算补偿修复工程的总规模。根据溢油造成的服务损失等于补偿修复行为提供的服务收益，因此，补偿修复工程的总规模等于每单位生态系统服务的损失现值除以收益现值。

根据生态系统服务价值的受损量等于补偿量，在第一种选择下，得到补偿修复生境的面积计算模型如下：

$$Q = \frac{J \times V_j \times \sum_{t=T}^{T_2} (1+r)^{c-t} \times \dfrac{[b^j - 0.5(x_{t-1}^j + x_t^j)]}{b^j}}{V_p \times \sum_{t=N}^{N_2} (1+r)^{c-t} \times \dfrac{[0.5(x_{t-1}^p + x_t^p) - b^p]}{b^j}} \qquad (5-6)$$

在第二种选择下，得到补偿修复生境的面积计算模型如下：

$$Q = \frac{J \times V_j \times \sum_{t=T}^{T_2} (1+r)^{c-t} \times \dfrac{[b^j - 0.5(x_{t-1}^j + x_t^j)]}{b^j}}{V_p \times \sum_{t=N}^{N_2} (1+r)^{c-t} \times \dfrac{[0.5(x_{t-1}^p + x_t^p) - b^p]}{b^j} - \sum_{t=N}^{N_2} V_t \times (1+r)^{c-t}} \qquad (5-7)$$

式（5-6）、式（5-7）中参数说明与上述公式相同，不再重复说明。

四　资源等价分析法

基于 REA 法与 HEA 法在基础概念上的相似性，本章对 REA 法进行简要的分析。

REA 法第一步，计算生物资源受损总量的现值。假设生物资源在溢油事故发生前的数量（即基线水平）是 C_1，T_1 时发生溢油事故，生物资源的数量迅速下降到 C_2，之后在自然恢复作用下，生物资源在 T_2 时恢复到基线水平，如图 5-5 所示。图中 W 表示生物资源的受损总量。

生物资源受损总量的计算模型如下：

$$M = \sum_{t=T_1}^{T_2} V^l \times Z \times I_t \times (1+r)^{T_1-t} \qquad (5-8)$$

式（5-8）中，M 为生物资源受损总量的现值（单位：元）；V^l 为单位资源的受损值（单位：元/平方米）；t 为时间（单位：年）；T_1 为溢油事故发生时间（单位：年）；T_2 为生物资源恢复到基线水平的时间（单位：年）；Z 为生物资源的受损面积（单位：平方米）；I_t 为生物资源在 t 年的受损率；r 为贴现率。

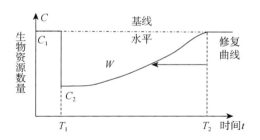

图 5 - 5　生物资源受损总量

资料来源：作者自制。

REA 法第二步，计算补偿修复工程提供的生物资源总量的现值。假设已选定补偿修复工程，T_1' 为补偿修复工程开始的时间，T_2' 为补偿修复工程达到最大服务水平 C' 的时间，T_3' 为补偿修复工程停止提供服务的时间。如图 5 - 6 所示，图中 H 为补偿修复工程提供的生物资源总收益量。

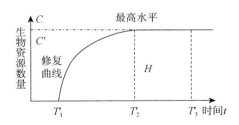

图 5 - 6　生物资源恢复曲线

资料来源：作者自制。

补偿修复工程提供的生物资源收益量现值的计算模型如下：

$$K = \sum_{t=T_1'}^{T_3'} V_R \times Q' \times R_t \ (1+r)^{T_1-t} \qquad (5-9)$$

式（5-9）中，K 为补偿修复工程提供的资源收益量现值（单位：元）；V_R 为单位资源的恢复量（千克/平方米）；t 为时间（单位：年）；T_1' 为补偿修复工程开始服务的时间（单位：年）；T_3' 为补偿修复工程结束服务的时间（单位：年）；Q' 为补偿修复工程的规模（单位：平方米）；R_t 为补偿修复工程在 t 时的修复程度；r 为贴现率。

REA 法第三步，计算补偿修复工程的规模。根据 REA 法的基本原则，生物资源总损失量等于总补偿量，得到补偿修复工程的规模的计算模型如下：

$$Q' = \frac{\sum_{t=T_1}^{T_2} V^I \times Z \times I_t \times (1+r)^{T_1-t}}{\sum_{t=T_3}^{T_3} V_R \times R_t (1+r)^{T_1'-t}} \qquad (5-10)$$

式（5-10）中参数说明与上文相同，不再重复讨论。

第三节 突发性海洋溢油生态损害的补偿价值评估模型

一 应急处置及清污费用

目前，应急处置海上石油污染的方法和技术主要包括：（1）用围油栏第一时间把溢油围住，防止油污的大范围扩散；（2）运用收油船、收油机捕集储存溢油或者使用天然植物产品、有机合成吸油剂、无机合成吸油剂等吸油材料吸附油以减轻污染，但吸油剂的后期回收处理问题仍需解决；（3）使用分散剂和凝固剂。通过分散剂将油膜打碎成微粒状后分散到海水中，为避免海面油膜黏附在船舶、礁石和海岸上，甚至还需将溢油及时向下扩散，由于分散剂多含有一定毒性，所以应慎重使用；（4）采用凝油剂能快速提高油的黏度，使之凝结成块状以方便回收，但凝油剂不仅工艺复杂、成本高，而且凝油效果受海浪影响。由于每一种技术都有优点和缺点，所以在突发性溢油事故的应急处理中，往往需要多种技术和方法综合使用。因此，应急处置和清污的技术不仅复杂，而且实际成本和耗费较大，不容忽视。

由此而产生的应急处置及清污费是清除和减轻损害等措施费用的总和。可利用直接统计法对国家和地方有关标准或实际发生的费用进行总和计算，得到应急处置及清污费。应急处置费用主要包括应急检测费用、监测费用、应急处理设备和物品的使用费、应急人工费等；污染清理费用包括污染清理设备的使用费、污染清理的物资费用、污染清理的人工费、污染物的运输与处理费用等。

具体模型如下：

$$U_1 = E + L \tag{5-11}$$

式（5-11）中，U_1 为应急处置及清污费用（单位：元）；E 为应急处置的花费（单位：元），包括应急设备、材料、人员、监测等费用；L 为清污费用（单位：元），包括清污设备、原料、人员、船舶、飞机、车辆等费用。

二　海洋生物资源损失价值

目前对于海洋生物资源损失的评估方法多为先根据生物毒理评估各类生物的损失量，再利用市场价值法估算得到生物资源损失的价值。较多的研究在计算各类生物的损失量时仅考虑了事故对生物资源造成的一次性损失，忽略了在生物资源修复期间的损失量。REA 法很好地还原了从事故发生到损害复原这一过程中生物资源的总损害，本章将借助 REA 法的动态损害率的思想，即受损资源的损害率随时间变化，优化直接市场价值法。该评估方法结合了 REA 法在计算生物资源损失总量时的准确性和市场价值法在量化生物资源损失价值时的快速性。

具体模型如下：

$$U_2 = \sum_{i=1}^{n} \sum_{t=T_1}^{T_{i2}} C_i \times Z_i \times I_{it} \times (1+r)^{T_1-t} \times P_i \tag{5-12}$$

式（5-12）中，U_2 为贴现后的生物资源的受损总价值（单位：元）；i 为生物资源种类；t 为时间（单位：年）；T_1 为溢油事故发生时间（单位：年）；T_{i2} 为第 i 种生物资源恢复基线水平的时间（单位：年）；Z_i 为第 i 种生物资源的受损面积（单位：平方千米）；C_i 为单位面积内第 i 种生物资源容量（单位：千克/平方千米）；I_{it} 为第 i 种生物资源在 t 年的受损率；P_i 为第 i 种生物资源的市场平均价格（单位：

元/千克）；r 为贴现率。

三　海洋生物资源修复费用

相对于国内普遍采用的直接统计法，REA 方法不仅考虑到了在溢油事故发生之后海洋生物资源的损失率随时间的变化，而且关注、跟踪评价了补偿修复工程在每一时间段内的补偿效果，较为准确地计算了补偿修复工程提供的生物资源数量，最后得到补偿修复工程的总规模 Q。再结合每单位资源的生态修复成本，便可得到海洋生物资源的修复费用。

具体模型如下：

$$U_3 = \sum_{i=1}^{n} Q_i \times Y_i \qquad (5-13)$$

式（5-13）中，U_3 为海洋生物资源的修复费用（单位：元）；i 为生物资源种类；Q_i 为第 i 种生物资源的补偿修复工程的规模（单位：平方千米）；Y_i 为第 i 种生物的单位资源修复成本（单位：元/平方千米）。

四　海洋环境容量损失价值

海洋环境容量是指在使目标海域维持海洋学、生态学等特定功能，满足国家海水水质分类标准的条件下，特定海域在一定时间范围内所能容纳的污染物质的最大负荷量。溢油造成的海洋环境容量损失实际上是指溢油事故导致海域污染负荷的增加或原有纳污能力的下降。可通过恢复费用法进行海洋环境容量损失的价值评估，即采用当地政府公布的有偿使用水污染物排放指标的计费标准或排污交易的市场交易价格计算；对于间接排放污染物导致的海洋环境容量损失，按当地城镇污水处理厂的综合污水处理成本计算。具体模型如下：

$$U_4 = M \times G \qquad (5-14)$$

式（5-14）中，U_4 为海洋环境容量损失价值（单位：元）；M

为溢油影响的海水体积（单位：立方米）；G 为单位污水的处理成本（单位：元/立方米）。

五　海洋生态服务功能损失价值

HEA 法避免了逐一计算各服务损失带来的烦琐计算，且使一些无法通过市场途径计算的损失的评估更加科学。因此，应用 HEA 法对海洋生态服务功能的损失进行评估。在 HEA 法的假设条件下，公众愿意接受补偿工程提供相同的服务来替代受损生境的生态服务功能，根据式（5-6）或式（5-7）计算得到补偿修复工程的总规模 Q，再确定该生境是哪一类生态系统，结合该类型生态系统的平均公益价值确定海洋生态服务功能的总损失价值。

具体模型如下：

$$U_5 = \sum_{l=1}^{m} Q_l \times V_l \qquad (5-15)$$

式（5-15）中，U_5 为海洋生态服务功能损失价值（单位：元）；l 为第 l 种生态系统；Q_l 为第 l 种生态系统的补偿修复工程的规模（单位：平方千米）；V_l 为第 l 种生态系统的平均公益价格（元/平方千米）。

六　海洋生境修复费用

生境修复费用包括修复所需要的本底监测费用、修复所需要的试验研究费用、现场修复所发生的费用、对修复过程和效果所开展的修复效果评估费用。国内在评估生境修复费用时，多采用直接统计法，这种方法是汇总人们为恢复生境而投入的人力、物力、财力。显然，直接统计法是对已确定的投入价值进行汇总，修复什么、修复多少、怎么修复这三方面完全取决于人们的主观判断。而 HEA 法根据等量修复原则，即受损生境与补偿生境提供等量的服务，得到补偿修复工程的规模，再结合单位修复工程的成本，得到生境修复的总费用，并且该方法相对客观，有效地解决了修复什么、修复多少、怎么修复这三个问题，在人们进行生境修复时起到了很好的指导作用。

具体模型如下：

$$U_6 = \sum_{l=1}^{m} Q_l \times X_l \qquad (5-16)$$

式（5-16）中，U_6 为生境修复费用（单位：元）；l 为第 l 种生态系统；Q_l 为第 l 种生态系统的补偿修复工程的规模（单位：平方千米）；X_l 为第 l 种生态系统的建设成本（单位：元/平方千米）。

七　海洋溢油监测评估费用

开展突发性海洋溢油生态损害评估而支出的监测、试验、评估等费用是根据国家和地方有关监测、评估服务收费标准或实际发生的费用计算。

突发性溢油事故发生之后，为了防止污染物扩散造成大范围的损害，应尽快确定受损范围和程度，海事管理部门会及时展开溢油监测、评估等活动。监测费、清污费、评估费及其他实际产生的费用等均有记录，可统计。因此，采用直接统计的方法，将这些费用分别统计，最后进行累加，评估溢油事故产生的清污及监测评估费用。

具体模型如下：

$$U_7 = F + O \qquad (5-17)$$

式（5-17）中，U_7 为监测评估费用（单位：元）；F 为监测评估的直接费用（单位：元），包括监测费、评估费、劳工费、差旅费、车辆和船舶使用费等；O 为其他实际产生的费用（单位：元），包括设备租赁费、律师服务费用及其他相关费用。

八　海洋生态损害补偿总价值

鉴于海洋溢油的生态补偿是在明确海洋溢油生态损害的基础上，根据损害项目计算补偿价值。因此，综合上述对溢油损害补偿价值的分项计算公式，可得到海洋溢油生态损害补偿价值评估的总公式。

具体模型如下：

$$U = \sum_{i=1}^{7} U_i \qquad (5-18)$$

式（5-18）中，U 为溢油生态损害的补偿总价值（单位：元）；U_i 为项目 i 的损失价值（$i \in \{1, 2, 3, 4, 5\}$）；U_1 为应急处置及清污费用，U_2 为贴现后的生物资源受损总价值，U_3 为海洋生物资源的恢复费用，U_4 为海洋环境容量损失价值，U_5 为海洋生态服务功能损失价值，U_6 为生境修复费用，U_7 为评估监测费用。

第四节　案例研究——蓬莱 19-3 溢油事故

蓬莱 19-3 油田位于山东半岛北部的渤海中，东经 120°01′—120°08′，北纬 38°17′—38°27′，离山东省龙口市 48 海里，属于特大型整装油田，是国内建成的最大海上油气田。本章中涉及的溢油损害数据均来源于《蓬莱 19-3 油田溢油事故联合调查组关于事故调查处理报告》。

一　蓬莱 19-3 溢油事故回顾

2011 年 6 月上旬，我国北海海域渤海蓬莱 19-3 油田两个海上石油钻井平台相继发生溢油事故，后经国家海洋局北海分局调查，从 6 月 8 日至 14 日，蓬莱 19-3 油田 C 平台附近海域仍发现大量石油泄漏并发生了小型的井涌。随后，康菲中国公司宣称利用打水泥塞的方式成功控制住平台漏油。但在随后的调查中发现仍有溢油不断出现。直至国家海洋局要求康菲中国公司实施"三停"整顿后，经过数月的抢救，终于封堵住了溢油点。在国家海洋局关于事故后期的调查中可以发现，作业方康菲中国公司及其合作方中海油在其职责范围内存在缺失，对于应当予以关注和防备的溢油风险没有形成足够重视，在溢油事故发生后，其事故处置也不及时，而且对于来自行政主管部门的处罚措施有恃无恐。经过最后的索赔和谈判，康菲石油中国公司和中国海洋石油总公司总计支付 16.83 亿元，其中，康菲公司出资 10.9 亿元，赔偿本次溢油事故对海洋生态造成的损失；中国海油和康菲公司分别出资 4.8 亿元和 1.13 亿元，承担保护渤海环境的社会责任。整个事故的具体过程参见表 5-1。

表 5-1　　　　　　　　　康菲溢油事故大事记

2011 年 6 月 4 日	蓬莱 19-3 油田 B 平台井口附近海面发现油膜（B 平台事件）。康菲石油中国有限公司（康菲中国）立即发放了撇油器、吸油栏和其他清理设备，并立即将情况向中国政府主管部门和合作伙伴中海油做出汇报。经确认，溢油来自一条现有的地质断层，开采期间向地下油藏注水所产生的压力导致断层轻微张开，康菲中国开始降低油藏压力以封堵溢油点
2011 年 6 月 17 日	蓬莱 19-3 油田 C 平台一口注水井遇到异常油藏高压带（C 平台事件）。C 平台事件是一起与 B 平台事件不相关的独立事件。为确保人员和平台安全，油井立即关闭，但压力导致油藏液体和矿物油油基泥浆溢入海床。康菲中国立即将相关情况汇报给中国政府主管部门和中海油
2011 年 6 月 18 日	开始派遣员工巡查海岸线，以发现该事件对海岸带来的风险
2011 年 6 月 19 日	在 C 平台事件发生的 48 个小时内，通过实施水泥塞程序成功阻止了蓬莱 19-3 油田 C 平台的泄漏。从 6 月 18 日至 6 月 19 日，约有 600 桶（97 立方米）原油和 2620 桶（416 立方米）矿物油油基泥浆溢入海床
2011 年 6 月 21 日	B 平台的油藏降压计划成功闭合了断层，从而将油藏和表层隔离，阻止了渗油。从 6 月 4 日 B 平台事件发生至 6 月 21 日，从先前不活跃断层中溢出的原油约为 100 桶（18 立方米）
2011 年 7 月 3 日	作为额外的预防措施，在 B 平台事件的溢油点上安装了一个钢制海底集油罩
2011 年 7 月 5 日	启动潜水员潜水计划，利用真空泵回收海床上沉降矿物油油基泥浆
2011 年 7 月 19 日	康菲中国组织记者团参观蓬莱油田现场，以了解正在进行的清理工作和当前的情况
2011 年 7 月 22 日	为了向公众提供更多有关两起事件及应急处理措施的信息，康菲中国建立一个专门的网页，以中英文双语发布工作进展
2011 年 9 月 6 日	康菲石油宣布公司对此事件引起的损害提供公平合理的赔偿

续表

2011 年 9 月 11 日	中海油同意康菲中国执行进一步的油藏减压计划，并采取额外预防措施封堵蓬莱 19 - 3 油田的溢油点
2011 年 9 月 12 日	康菲中国开始对 B 平台进行新一阶段的减压作业
2011 年 9 月 14 日	作为确保断层封闭的额外防护措施，康菲中国钻探了一口与断层平行的水平井。水泥注入作业于 10 月 8 日开始，10 月 14 日完成
2011 年 9 月 18 日	康菲石油宣布，公司将拨付资金支持渤海湾未来的环境保护项目
2011 年 12 月 21 日	康菲中国在北京举行了一系列媒体见面会，提供了有关溢油事件的最新信息，回答了与应急处理有关的提问
2012 年 1 月 25 日	康菲中国和中海油对该事件进行了资金赔付。康菲公司出资 10.9 亿元来弥补事件造成的海洋生态灾难损失。双方共同出资 5.93 亿元来承担保护渤海环境的社会责任

资料来源：作者自制。

二　蓬莱 19 - 3 溢油事故的生态损害

（一）事故造成的海洋生物资源损害

溢油事故造成蓬莱 19 - 3 油田周边及其西北部受污染海域的海洋生物多样性明显下降，生物群落结构受到影响。溢油对海洋生物的影响均选取 2011 年 7 月的数据作为受损程度数据。浮游幼虫幼体密度下降了 69%，鱼卵平均密度下降了 45%，仔稚鱼平均密度下降了 90%，30% 底栖生物样品体内石油烃含量超过背景值。溢油事故使蓬莱 19 - 3 油田 C 平台溢油点附近海域底栖环境受到破坏，底栖生物大量死亡，并且后续的海底油污清理工作加剧了对海洋生物的破坏。

（二）事故造成的海洋生态环境损害

溢油事故造成蓬莱 19 - 3 油田周边及西北部海域海水和海底沉积物受到污染。其中，约 6200km² 海域的海水超过第一类海水水质标准，有 870km² 海域的海水超过第四类海水水质标准，最大浓度出现在 6 月 13 日，为背景值的 53 倍；2011 年 6 月下旬至 7 月底，约 1600km² 沉积物超过第一类海洋沉积物质量标准，其中有 20km² 沉积物受到严重污染，超过第三类海洋沉积物质量标准。到 8 月底受到污染超过第一类海洋沉积物标准的沉积物仍有 1200km²，其中 11km² 为严重污染，超过第三类海洋沉积物标准。溢油事故发生后，沉积物中石油含量最大值超背景值 71 倍。截至 2011 年 12 月底，除蓬莱 19 - 3 油田 C 平台周边海域仍有 0.153km² 的海底沉积物被明显油污覆盖外，蓬莱 19 - 3 油田周边海域沉积物中石油类含量达到第一类海洋沉积物质量标准，但仍有部分海域污染物超背景值，最大值超背景值 3.9 倍。

三 蓬莱 19 - 3 溢油事故的生态损害补偿价值评估

（一）应急处置及清污费用

根据参与蓬莱 19 - 3 溢油事故应急处置和清污工作的海洋环保公司及部门的人员和设备调动记录。蓬莱 19 - 3 溢油事故发生之后，中海油环保服务公司调动 122 人参与应急处置和清污处理，使用围油栏 4840m，吸油拖栏 20000m，吸油毛毡 20 吨，消油剂 40 吨，专业环保船 2 艘，三用工作船 21 艘，乳化船 12 艘，以上设备、人员、船只合计费用 2522 万元。

（二）海洋生物资源损失

1. 确定受损生物资源总量

根据《蓬莱 19 - 3 油田溢油事故联合调查组关于事故调查处理报告》中的数据，确定非底栖生物受损面积为 6200km²，底栖生物受损面积为 1600km²。而鱼类和甲壳类的成体生物的损失率，根据经验值均取 20%。有研究表明，一般情况下，在溢油事故发生之后，海面环境恢复需要 2—4 年，海底环境恢复需要 7—10 年。考虑到渤海属于半封闭海域，水体交换能力较弱，且此次污染较为严重，故将自然恢复的时长确定为 10 年。渤海湾的生物现状见表 5 - 2。

表 5 - 2　　　　　　　山东近海海域各生物类型平均生物量

平均生物量	鱼类（kg/hm²）	甲壳类和头足类等（kg/hm²）	浮游动物（kg/hm³）	潮间带天然底栖生物（kg/hm²）	鱼卵（粒/m³）	仔稚鱼（尾/m³）
蓬莱湾及渤海湾南部	6.44	2.44	5.6	1718	0.23	0.49

资料来源：作者整理数据并自制表格。

评估时，取渤海平均水深 18m，非底栖生物资源恢复需要 4 年，底栖生物恢复需要 10 年。为使计算结果更贴合实际的损失量，采取计算年与后一年两年的平均损失率为计算年的损失率。具体计算见表 5 - 3。

表 5 - 3　　　　　　　　2011—2021 年生物资源损失

年份	资源损失率（%）						贴现因子
	浮游动物	鱼卵	仔稚鱼	成体鱼	甲壳类	底栖动物	
2011	69	45	90	20	20	30	1.0
2012	51.75	33.75	67.50	15	15	27	0.9709
2013	34.50	22.50	45.00	10	10	24	0.9426
2014	17.25	11.25	22.50	5	5	21	0.9151
2015	0	0	0	0	0	18	0.8885
2016	—	—	—	—	—	15	0.8626
2017	—	—	—	—	—	12	0.8375
2018	—	—	—	—	—	9	0.8131
2019	—	—	—	—	—	6	0.7894
2020	—	—	—	—	—	3	0.7664
2021	—	—	—	—	—	0	0.7441
贴现后累计损失率（%）	134.53	87.74	175.47	38.99	38.99	138.21	

资料来源：作者自制。

参考《山东省海洋生态损害赔偿和损失补偿评估方法》中，鱼卵按 1% 的成活率长成鱼苗，仔稚鱼按 5% 的成活率长成鱼苗，将鱼卵和仔稚鱼的损失量均转化成鱼苗的损失量。具体计算见表 5 - 4。

表 5 - 4 生物资源损失总量

种类	浮游动物	鱼卵	仔稚鱼	成体鱼	甲壳类	底栖动物
生物量	5.6 kg/hm³	0.23 粒/m³	0.49 尾/m³	6.44 kg/hm²	2.44 kg/hm²	1718 kg/hm²
总损失率	134.53%	87.74%	175.47%	38.99%	38.99%	138.21%
范围	1.116e5hm³	1.116e11m³	1.116e11m³	6.2e5hm²	6.2e5hm²	1.6e5hm²
损失总量	8.41e5kg	2.25e8 尾	4.80e9 尾	1.56e6kg	5.89e5kg	3.80e8kg

资料来源：作者自制。

2. 量化生物资源损失量

采用 2011 年山东省海产品价格替代受损海洋生物的价格，见表 5 - 5。

表 5 - 5 2011 年山东海洋生物单位价格

种类	鱼类	甲壳类	浮游动物	底栖生物	鱼苗
价格（元/kg）	33.58	41.92	10	5	0.1

资料来源：作者整理数据并自制表格。

根据式（5 - 12）计算处理得到各类型生物资源的损失价值，整理得到表 5 - 6。

表 5 - 6 生物资源损失价值

种类	浮游动物	鱼卵	仔稚鱼	成体鱼	甲壳类	底栖动物	合计
损失价值（10^4 元）	841	2250	48000	5238.48	2469.09	190000	248798.6

资料来源：作者自制。

（三）海洋生物资源修复费用

幼体生物对污染物质的抵抗能力、逃避危险的能力与成体生物在这些方面的能力相比是比较弱的，再加上鱼卵和浮游生物会随水体流动而流动的特点，若将幼体生物的损失率作为生物资源损失率来计算，可能会使计算结果误差较大。因此，采用成体生物的损失率作为总体生物资源的损失率，见表 5 - 7。

表 5 - 7 生物资源损失量的现值

项目	生物量（kg/hm²）	贴现总损失率（%）	范围（hm²）	损失总量（kg）
成体鱼	6.44	40.00	6.2e5	1.56e6
底栖生物	1718	138.21	1.6e5	3.80e8

资料来源：作者自制。

1. 非底栖生物资源补偿

鱼类选取小黄鱼作为补偿修复物种。小黄鱼为重要的经济鱼类，在中国传统海洋渔业中有着重要的地位，主要分布于中国东海、黄海和渤海以及朝鲜半岛西岸海域，主要摄食浮游动物、鱼虾等，对食物选择性小。研究数据显示，渤海小黄鱼平均初始质量9g，生长时间为4年，渐进体质量为606.2g，最大年龄为21龄。因此，假设小黄鱼的增殖放流从2012年年初开始，生长4年之后达到最大质量606.2g，达到最大质量后活至2032年，存活率为10%。具体计算结果见表5 - 8。

表 5 - 8 2012—2032 年非底栖生物单位补偿量

年份	小黄鱼			贴现因子	单位补偿量（g）
	年初质量（g）	年末质量（g）	平均质量（g）		
2012	9	158.3	83.65	0.9709	81.21
2013	158.3	307.6	232.95	0.9426	219.58
2014	307.6	456.9	382.25	0.9151	349.81
2015	456.9	606.2	531.55	0.8885	472.28
2016	606.2	606.2	606.2	0.8626	522.91
2017	606.2	606.2	606.2	0.8375	507.68
……	……	……	……	……	……
2032	606.2	606.2	606.2	0.5375	325.86
总单位补偿量	—	—	—	—	8214.2

资料来源：作者自制。

根据式（5 - 10）计算得到，非底栖生物补偿总规模：

$1.56 \times 10^9 / (8214.2 \times 0.1 \times 10000) = 189.92$（万尾）

根据中国惠农网上提供的鱼苗的参考价格，鱼苗的价格为 0.5 元/尾，则根据式（5-13）非底栖生物的补偿修复费用为：

$$189.92 \times 0.5 = 94.96 （万元）$$

2. 底栖生物资源补偿

底栖生物选取栉孔扇贝作为补偿修复物种的代表。栉孔扇贝生活在水深为 10—30m 海底，对低温的抵抗能力较强，且其是蓬莱市主要养殖的海产品之一。栉孔扇贝的平均初始质量为 8g，生长时间为 2—3 年，能达到的最大质量为 33g。因此，假设栉孔扇贝的增殖放流从 2012 年开始，生长 3 年后达到最大质量，且保持最大质量存活至 2022 年，存活率为 10%。具体计算结果见表 5-9。

表 5-9　　　　　　　　　2012—2022 年底栖生物单位补偿量

年份	栉孔扇贝			贴现因子	单位补偿量（g）
	年初质量（g）	年末质量（g）	平均质量（g）		
2012	8	16.33	12.165	0.9709	11.81
2013	16.33	24.66	20.495	0.9426	19.32
2014	24.66	33	28.83	0.9151	26.38
2015	33	33	33	0.8885	29.32
……	……	……	……	……	……
2022	33	33	33	0.7224	23.84
总单位补偿量	—	—	—	—	269.51

资料来源：作者自制。

根据式（5-10）计算得到，底栖生物的补偿规模为：

$$3.8 \times 10^{11} / (269.51 \times 0.1 \times 10^4) = 1409966 （万枚）$$

结合 2011 年山东海洋生物单位价格表中底栖生物的价格，根据式（5-13）可得底栖生物的补偿修复费用为：

$$1409966 \times 0.008 \times 10.16 \times 10^4 = 11.46 （亿元）$$

（四）海洋环境容量损失

鉴于海洋石油开采区所占海域属于海洋矿产利用区域，海域水质达到第三类就属于正常情况。因此，确定 2011 年蓬莱 19 - 3 溢油污染面积为 870km²，以表层水体 0.5m 计算污染海水体积。《2011 年废水国家重点监控工业企业 COD 排污费实际计费标准》显示，2011年废水处理费收费标准在 0.35—1.23 元/kg，中海油有限公司的排污费约 0.4 元/kg。根据式（5 - 14）计算得到当年的海洋环境容量损失为：

$$870 \times 10^6 \times 0.5 \times 0.4 \times 10^{-4} = 1.74（亿元）$$

（五）海洋生态系统服务功能损失

1. 计算总损失量现值

蓬莱 19 - 3 油田距离蓬莱市约 43 海里，位于渤海湾深处，属于《海洋溢油生态损害评估技术导则》中规定的河口和海湾类型。从《蓬莱 19 - 3 油田溢油事故联合调查组关于事故调查处理报告》了解到，溢油造成 1600km² 沉积物超过第一类海洋沉积物质量标准，有 30% 的底栖生物样品体内石油类污染物超过背景值。底栖生物的生存环境与海洋沉积物所处的环境基本一致，且底栖生物在水生态系统起着关键性作用。因此，笔者认为生态系统损失率和损失面积与底栖生物的损失率和损失面积基本一致。综上所述，蓬莱 19 - 3 溢油事故造成河口和海湾生态服务功能的受损时间是从 2011 年 7 月到 2021 年 7月（下文均用整年代替），受损面积为 1600km²，受损率为 30%。鉴于受损生态系统的自然恢复时间长约 20 年，依照修改后的伽马分布贴现率见表 5 - 10，取贴现率为 3%。

表 5 - 10　　　　　　　　　　卡玛分布贴现率

时间（年）	贴现率（%）
1—25	3
26—75	2
76—300	1
≥300	0

资料来源：作者整理数据并自制表格。

2011—2021 年生态服务功能损失率的动态变化见表 5 - 11。

表 5 – 11   2011—2021 年的生态服务功能损失率

年份	服务功能损失率（%）			贴现因子	贴现的总损失率（%）
	年初	年末	年平均		
2011	—	30	30	1.0	30.00
2012	30	27	28.5	0.9709	27.67
2013	27	24	25.5	0.9426	24.04
2014	24	21	22.5	0.9151	20.59
2015	21	18	19.5	0.8885	17.33
2016	18	15	16.5	0.8626	14.23
2017	15	12	13.5	0.8375	11.31
2018	12	9	10.5	0.8131	8.54
2019	9	6	7.5	0.7894	5.92
2020	6	3	4.5	0.7664	3.45
2021	3	0	1.5	0.7441	1.12
总损失率（%）	—	—	—	—	164.18

资料来源：作者自制。

得到贴现后累计海洋生态系统服务功能损失为：

$$1600 \times 1.6418 = 2627.88 （万元）$$

2. 确定补偿生境提供的服务贴现总量

国内外关于 HEA 方法中补偿修复工程的确定，多采用建立人工湿地和海洋生态保护区。假设在事故发生地周围的非渔业资源区（不存在二次损失）内建立海洋生态保护区，通过建设鱼礁、投放鱼苗、种植海洋植物等修复方式，使其达到补偿修复作用。假设生态保护区在2012 年开始建设并提供服务，服务水平呈线性变化，2017 年年底达到最大服务水平，与受损生境的基线服务水平和功能均相同，服务期为20 年，贴现率为3%，具体计算见表5 – 12。

表 5-12　　　　　　　　　　2012—2031 年生态服务补偿率

年份	服务功能补偿率（%）			贴现因子	贴现的总补偿率（%）
	年初	年末	年平均		
2012	0	20	10	0.9709	9.709
2013	20	40	30	0.9426	28.28
2014	40	60	50	0.9151	45.76
2015	60	80	70	0.8885	62.20
2016	80	100	90	0.8626	77.63
2017	100	100	100	0.8375	83.75
2018	100	100	100	0.8131	81.31
2019	100	100	100	0.7894	78.94
……	……	……	……	……	……
2031	100	100	100	0.5537	55.37
总补偿率（%）	—	—	—	—	1253.30

资料来源：作者自制。

3. 确定补偿规模

根据式（5-6），得到补偿工程的面积为：

$$Q =（1600 \times 1.6418）/12.533 = 209.60（km^2）$$

4. 量化总损失

表 5-13　　　　　　不同类型海洋生态系统的平均公益价值

海洋生态系统类型	河口海湾	海草床	珊瑚礁	大陆架	潮滩	红树林
平均公益价值（万元/hm² · a）	18.29502	15.58328	4.8257	12.6444	11.91378	7.82444

资料来源：作者自制。

参照海洋生态系统平均公益价值表 5-13，结合溢油损害的生态系统的类型和补偿工程的规模，利用式（5-5）计算得到海洋生态系统服务功能损失的价值为：

$$209.6 \times 18.29502 \times 100 = 383463.62（万元）$$

（六）海洋生境修复费用

根据报道，截至 2014 年，山东省建立海洋自然保护区、特别保护区、种质资源①保护区总面积约 80 万公顷。2012 年到 2014 年，全省共投入海洋增殖资金超过 3 亿元。因此，单位时间内单位面积的海洋保护区的资金投入约为 0.0125 （元/m² · a）。利用式（5 - 6）计算得到生境补偿修复费用为：

$$209.61 \times 0.0125 \times 10^6 \times 20 = 5240.25 \text{（万元）}$$

（七） 海洋溢油监测评估费用

根据 2002 年的"塔斯曼海"轮油污事件，海洋部门投入的调查、监测、评估费用总计 600 多万元。由此考虑利率因素，估计在蓬莱 19 - 3 溢油事故中投入的各种检测、评估费总计 800 多万元。

（八） 评估结果分析

综上所述，蓬莱 19 - 3 油田溢油事故的生态损害补偿价值评估结果见表 5 - 14。

表 5 - 14　　　蓬莱 19 - 3 溢油事故的生态损害补偿价值评估结果

项目	补偿金额
应急处置及清污费用	2252（10^4 元）
海洋生物资源损失价值	24.88（10^8 元）
海洋生物资源修复费用	11.46（10^8 元）
海洋环境容量损失价值	1.74（10^8 元）
海洋生态服务功能损失价值	38.3（10^8 元）
海洋生境修复费用	0.52（10^8 元）
海洋溢油监测评估费用	800（10^4 元）
合计	77.21（10^8 元）

资料来源：作者自制。

由表 5 - 14 可知，蓬莱 19 - 3 油田溢油事故造成的海洋生态损害补偿价值总额为 77.21 亿元。其中海洋生态服务功能损失价值最大，约占总补偿价值的 49.6%；其次是海洋生物资源损失价值，约占总补

① 种质资源又称遗传资源，如古老的地方品种、新培育的推广品种、重要的遗传材料以及野生近缘植物，都属于种质资源的范围。

偿价值的 32.2%；而应急处置及清污费用、海洋生物资源修复费用、海洋环境容量损失价值、生境修复费用和监测评估费用所占比例很小，这几项的总和占总补偿价值的 18.2%。

（九）参数灵敏度分析

本书使用 HEA 方法来估算生境补偿修复工程的面积，由于 HEA 法中存在假设条件，理论性较强，在实际确定生境修复工程时，会存在一些外部因素，使结果发生变化。补偿修复工程的规模的最终结果是在假设补偿修复工程从 2012 年开始建设并提供服务，在 2017 年年底达到最大服务水平，与受损生境的基线服务水平和功能均相同，服务期为 20 年，贴现率为 3% 等条件下得到的。在实际确定生境修复工程时，若设定的其达到最大服务水平的时间、达到的最大服务水平、初始服务水平、服务时长不同会使估算结果的不同。因此，在原生境修复工程的假设基础上，对确定生境修复工程规模的公式中的以下主要参数：生境修复工程达到最大服务水平的时间、达到的最大服务水平、初始服务水平、服务时长等参数的敏感度进行讨论。根据不同的参数选择情况，设置了 7 种不同的情景（参见图 5 - 7），其中：

情景 1：生境修复工程达到最大服务水平的时间提前 1 年，于 2016 年达到最大服务水平；

情景 2：生境修复工程达到最大服务水平的时间推迟 1 年，于 2018 年达到最大服务水平；

情景 3：生境修复工程达到最大服务水平为 110%；

情景 4：生境修复工程达到最大服务水平的时间提前 1 年，于 2016 年达到最大服务水平，且达到最大服务水平为 110%；

情景 5：生境修复工程的初始服务水平为 10%；

情景 6：生境修复工程的服务期为 25 年；

情景 7：贴现率取 2%。

鉴于情景 7 用图形展示不易看出贴现率变化时补偿修复工程提供的生态系统服务的变化情况，因此，只在表格中体现情景 7 对应的情况。从表 5 - 15 可以看出，这 7 种情景中，除生境修复工程达到最大

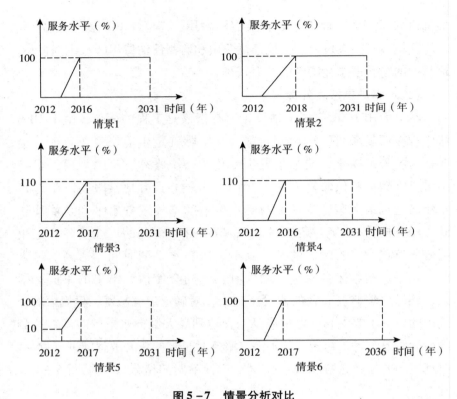

图 5-7 情景分析对比

资料来源：作者自制。

服务水平的时间推迟，使工程面积扩大了3.59%，其余的情景均使工程面积缩小，其中生境修复工程的服务时长、最大服务水平这两个参数对生境修复工程的面积影响较大，且都使生境修复面积缩减了，相应的参数调整之后与基准方案相比分别减少了16.83%和9.09%。再将此结果与修复成本结合，得到总生态损害补偿价值的一个波动范围为70.72亿元至78.65亿元。可见参数的一个很小的变动，会使最终的补偿价值发生较大的波动，所以在计算生境修复工程面积时，对参数的设置一定要有理有据，否则就会影响到整个模型计算得到的海洋溢油生态损害补偿价值估算结果的准确性。

表 5 − 15　　　　　　　　　　参数灵敏度分析

参数	基准方案	情景 1	情景 2	情景 3	情景 4	情景 5	情景 6	情景 7
补偿开始时间（年）	2012	2012	2012	2012	2012	2012	2012	2012
初始服务水平（%）	0	0	0	0	0	10	0	0
补偿服务达到最大时间（年）	2017	2016	2018	2017	2016	2017	2017	2017
补偿结束时间（年）	2031	2031	2031	2031	2031	2031	2036	2031
补偿服务最大水平（%）	100	100	100	110	110	100	100	100
贴现率（%）	3	3	3	3	3	3	3	2
补偿面积（km²）	209.60	202.31	217.12	190.54	183.92	205.75	174.33	193.89
相对变化（%）	—	− 3.49	+ 3.59	− 9.09	− 12.25	− 1.84	− 16.83	− 7.50

资料来源：作者自制。

第五节　本章小结

1. 本章确定突发性海洋溢油生态损害补偿价值评估的内容包括：应急处置及清污费用、海洋生物资源损失价值、海洋生物资源修复费用、海洋环境容量损失价值、海洋生态服务功能损失价值、海洋生境修复费用、海洋溢油监测评估费用。基于动态损害率的思想，即溢油事故发生之后受影响的海洋生物资源与环境的损害率会随时间的变化而变化，考虑损害率呈线性变化，故应优化直接市场法。利用优化后的直接市场法、REA 法和 HEA 法建立了海洋溢油事故生态损害的补偿价值评估模型。

2. 运用此模型评估2011年蓬莱19−3油田突发性溢油事故的生态损害总补偿价值为 77.21 亿元，该数额高于康菲的官方赔偿金额。原因：一是定位于生态补偿，区别于损害赔偿，既考虑了现实的生态损害弥补又着眼于长期的生态修复，评估溢油事故给社会造成的直接和潜在的间接损害，因此补偿对象和范围更广、补偿周期更长，并且考虑到某些数据的差异化取值带来的浮动区间；二是对不同生态损害类型进行补偿的动态评估。在计算海洋生物和环境损失的价值时，认为损失率是随时间变化的。考虑模型中参数值的变化会影响补偿修复工程的规模，对各参数的敏感度做了7种不同情景的模拟分析，以增强补偿的准确性。本章根据《蓬莱19-3油田溢油事故调查处理报告》提供的海洋生物与环境的受损情况，计算出溢油事故发生之后，海洋生物资源的补偿量为非底栖生物194.78万尾、底栖生物140.9966亿尾，可以为后期补偿修复提供一定依据。虽然使用的评估方法和评估过程存在待改进的地方，但评估指标、分类计量的评估模型、详细具体的验证过程和结果，可以为今后相类似溢油事故的生态补偿与修复工作提供一定参考。

3. 评估过程和结果给我们的启示：一方面，海洋油气开发企业针对突发性的海洋溢油事故，一定要完善企业的风险预警和应急处理体系，事故发生的第一时间启动应急响应程序，争取应急处理和油污清理的最佳时期，尽快控制油污的扩散与蔓延，减少溢油事故的生态损害，并采取多种补偿方式和手段及时补偿受损居民。另一方面，海洋溢油污染事故作为一种非常态化的污染具有突发性、可控性差、破坏性强的特点，毒性和污染性不仅会对资源环境和生活产生直接损害，而且还可能与周围的环境发生反应或作用，产生潜在的间接损害。为此，必须在短期内做好突发性溢油事故的应急处置，长期应综合运用多种方式和手段，做好生态补偿和生态修复工作。

第六章　海洋油气资源开发生态补偿机制的设计

在第四章、第五章补偿价值评估的基础上，本章旨在明确海洋油气资源开发生态补偿机制的主体、标准、方式、手段以及流程，解决生态补偿中"谁来补、补给谁、补多少、补什么、如何补"这几个关键问题，对海洋油气资源开发生态补偿机制进行具体设计。

第一节　海洋油气资源开发生态补偿的主体

生态补偿机制既是一种利益协调机制，也是一种责任承担机制。因此，明确界定海洋油气资源开发生态补偿权利的享有者和补偿义务的承担者非常必要，即明确补偿主体及其责权利关系。然而，关于生态补偿主体及其主体间关系的界定众说纷纭，为使生态补偿更具有法律依据和规范性，需要从法学角度对生态补偿的主体类型和补偿主体间的权利义务关系进行明确界定和规范。

为此，笔者从法学角度界定海洋油气资源开发的生态补偿主体。法律关系的主体是指法律关系中享受权利、承担义务的人；法律关系的客体是指主体的权利和义务所指向的物、行为、智力成果。所以，在海洋油气资源开发生态补偿的法律关系中，生态补偿的主体是人而不是物，按照补偿行为的相对性，将补偿主体分为支付补偿主体和接受补偿主体，表现为"人—人"和"谁补偿谁"的关系。支付补偿主体是海洋油气资源开发生态补偿义务的承担者；接受补偿主体是海洋油气资源开发生态补偿权利的享有者，即通常所说的补偿对象；补偿客体是指海洋油气资源环境本身、补偿行为及成果。

一 支付补偿主体

海洋油气开发的生态补偿支付主体是指在海洋油气资源开发中承担补偿责任和履行补偿义务的主体。包括海洋油气资源所有者国家、在补偿中发挥主导和监管作用的政府、因海洋油气资源的开发对海洋生态环境产生污染和损害的企业。

（一）国家

首先，国家作为海洋资源的所有者，是权利义务的统一体，享有对海洋油气资源开发行为的许可权的同时也成为许可责任人。其次，国家的职能之一是提供公共服务，营造良好的生态环境。"国家作为提供社会公益的主体，也是生态补偿的决策主体。"对海洋油气资源开发造成的生态损害进行补偿和修复是国家的责任和义务。

（二）政府

根据"自然契约"理论，政府代表国家行使对自然资源的所有权、管理权和监督权。这主要是由以下两方面决定：一是政府的行政职能。政府是国家的行政机构，我国相关法律规定国家对自然资源的管理需要通过政府的行政职能来实现。通过政府补偿方式和手段，实现对海洋油气资源开发的生态补偿，矫正失衡的海洋生态利益分配。二是政府的公共服务职能。政府的主要职责之一是提供公共服务。环境、自然资源与整个生态系统具有公共物品的特殊属性。海洋油气资源作为典型的公共物品，具有明显的外部性。海洋油气资源开发主体间关系复杂，不仅产权难以清晰界定，而且产权界定成本过高，且受外部性制约，存在市场失灵，需要政府引导生态补偿。

（三）海洋油气资源开发企业

根据生态补偿原则"谁污染谁治理"和"污染者负担、受益者付费"，海洋油气资源开发企业成为海洋油气资源开发生态补偿的直接责任主体。海油开发企业通过开采海洋油气资源的行为获取丰厚利润，成为受益者的同时，也成为海洋污染和生态环境的破坏者。为此，海洋油气资源开发企业既应作为海洋油气开发的受益者，为海洋油气资源的耗减和生态环境破坏付费，也应按照相应标准负担外部性治理的费用，通过排污外部成本的内部化，促使污染者从理性经济人的角度，减少污染行为。

结合海洋油气资源开发的实践，由于资源需求大、作业高度复杂、高成本与高风险等特点，海洋油气开发往往以众多主体合作开发的模式进行。因而，海洋油气资源开发油污责任主体的责任风险、主体关系与利益关系异常复杂，错综复杂的合同关系和权利、义务分配，给责任主体的划分和认定增大了难度。海洋油气开发的主体角色通常有：取得特定区块开发权利的承租人或执照人、非作业者的合作开发者（如享有营业收益的合伙人）、作业者、平台所有人、平台的租赁方、其他设备和设施的提供者、其他服务提供方等。其中，作业者对开发活动具有重要的利益和直接、全面的控制能力，所以环境费用计入作业者的生产成本，可激励企业采取有效措施降低污染，实现外部成本内部化。因此"污染者负担原则"完全可以适用于海洋油气开发作业者，应作为生态补偿的主体。例如，《对外合作开采海洋石油资源条例》规定"外国合同者应负责开发作业和生产作业"，并且第26条规定"作业者是按照石油合同的约定负责实施作业的实体"，所以海洋油气资源开发的作业者负有补偿责任和义务，成为补偿主体。

在2011年渤海蓬莱19-3油田突发性溢油事故中，康菲既是独立法人主体又是引发该起海洋污染事故的直接作业方，因此，康菲应为其严重污染海洋环境的行为承担法律责任和补偿义务，作为中海油也具有不可推卸的监管和补偿责任。

（四）社会组织

除政府和企业外，还有些社会上的公益环保组织会自发进行生态补偿工作，这也构成了生态补偿主体。这些公益环保组织，通常是第三方组织，既非政府组织也非营利企业，既有国内环保组织又有国际环保组织。在生态环境问题已成为全球共识的背景下，充分依托国际环保组织的支持已成为生态补偿金的又一重要来源。例如，经联合国可持续发展委员会和环境规划署注册的国际环境非政府组织，近年来积极支持了中国的多个环境保护类的生态补偿项目。

（五）外国作业方

由于国际化进程的加快，海洋油气资源开发较多采取国际合作模式。根据《中华人民共和国对外合作开采海洋石油资源条例》规定"在国际石油合作过程中，如果外方是直接作业方，那么外方企业作为补偿主体"。例如，2011 年的康菲溢油事故，美国康菲石油公司在我国渤海海域的作业平台溢油，污染 6000 多平方千米的海水，是重要的生态补偿主体。

二 接受补偿主体

接受补偿主体是指海洋油气资源的开发利用中因海洋生态系统价值变化而遭受利益损失或是做出贡献，需要补偿的对象，包括因为海洋油气资源的开发而遭受损失者和为海洋油气资源开发的生态环境保护和修复做出贡献者。海洋油气资源开发生态补偿受偿主体的类型如下。

（一）因为海洋油气资源的开发而遭受损失者

海洋油气资源的开发活动会影响到其他利益主体对海洋生态资源的开发利用，这些利益主体的经济收益会因此遭受损失。海洋油气资源开发的受损主体，一类是因生态破坏直接遭受损失的主体，另一类是生态建设过程中的受损者，包括由于生态环境保护而被迫丧失发展机会的居民。例如，因为海洋油气资源开发工程和平台建设使原来在被占海域从事渔业、海水养殖活动的业主无法继续利用海域获取收益，那么海洋油气资源的开发和使用者有义务补偿遭受损失的利益方。

（二）为海洋油气资源开发的生态环境保护做出贡献者

主要包括主动减少生态破坏者和生态系统的建设保护者。地方政府和居民主动减少生态破坏，由此付出的代价和丧失的发展机会应当给予其补偿；对海洋资源的合理开发和海洋生态环境的保护做出贡献的单位与个人应当给予补偿，激励他们的行为。例如，为了进行环境保护而放弃本可以利用的资源和机会的"沿海渔民"，以及那些自发地为了保护海洋生态环境而提前替"补偿主体"垫付生态补偿金的人。

（三）海洋油气资源开发国际合作中的受损国

海洋油气开发是一项高度国际化的产业，随着国际海洋油气合作开发项目的日益增加，国际性的海洋油气开发污染事故的风险也在积聚。因此，在海洋油气开发中涉及对他国海域的生态环境造成损害时，造成损害的国家有义务对受损国家进行补偿，受损国家是跨国生态补偿的受偿主体。跨区域生态补偿的利益分配和责任界定比较复杂，会出现一些纠纷。

总之，对于我国海洋生态补偿法律制度而言，也可能存在支付补偿主体和接受补偿主体不清晰或交叠的情况。在海洋生态补偿法律关系中，个人、组织、企业、国家（尤其是国家）既可能是支付补偿主体，也可能是接受补偿主体。例如：当海洋生态系统作为补偿物，它是需要公认代理人的，所以作为具有行政管理职能的国家就可以获得这个身份，此种情况国家充当了受偿主体；另外，国家作为"生态补偿工作的专项财政资金"的提供方和海洋油气资源开发的许可审批方，有义务和责任补偿为海洋生态资源环境保护做出贡献和牺牲的组织和个人，此时，国家又充当了补偿主体的角色。因此，对于这种交叉身份必须在实践中根据具体的法律关系进行理解和分析。

三　补偿主体间利益关系的博弈分析

政府、海洋油气资源开发企业和当地居民，基于不同利益诉求，多元主体之间的行为相互影响、相互制约存在复杂的利益博弈关系。因此，运用演化博弈论深入分析海洋油气资源开发生态补偿主体间的利益关系，构建政府与企业、企业与当地居民、作业方和承包方的演化博弈模型，探讨博弈方的行为选择和演化稳定策略。

（一）政府和海洋油气开发企业的博弈模型和分析

政府和企业在海洋油气资源开发中既存在冲突又相互合作。一方面，政府拥有确定补偿标准、收取补偿费用、监管验收和审计等权力，主导、引领和监管本区域内的环境保护工作。在生态补偿过程中，生态补偿的各种投入抬高了企业成本，企业往往选择逃避，只有政府进行监管才能在一定程度上保持生态补偿的落实。另一方面，企业是地方政府重要的税收来源，地方政府过于追求 GDP 的增长，容易发生政企合谋，放松对企业的监管，致使相关受害者得不到应有的补偿，政企双方都在追求自身利益的最大获取，成为双方博弈的基础。

第一步：博弈的初始假设条件与参数设定。

假设政府和企业是博弈双方，政府的策略选择为"监管，不监管"，监管的概率为 x_1，企业的选择为"补偿，不补偿"，补偿的概率为 x_2。政府进行监管的成本为 E，当政府不监管时企业没有进行补偿，会造成群众不满、资源短缺、环境恶化等不断增加的损失 H。企业进行生态补偿的收益为 P_1，不补偿的收益为 P_2，由于海洋油气资源是不可再生资源，长期以来的只开发不补偿，不仅会破坏环境，还会导致资源浪费，开采环境质量的下降，因此长期看 $P_1 > P_2$。企业进行生态补偿的成本为 L，在政府监管的情况下获得生态补偿补贴、税收优惠为 A，不补偿时会产生社会不满、声誉损失 K。在政府监管的情况下处以一定的罚款 F，政府需要承担生态补偿责任，支出为 B，由于政府资金有限，B 数额较小。博弈双方的收益分析见表 6-1。

表 6-1　　　　政府和海洋油气开发企业博弈收益矩阵

海洋油气开发企业	政府	
	监管 x_1	不监管 $1-x_1$
补偿 x_2	$(P_1-L+A, -E-A)$	$(P_1-L, 0)$
不补偿 $1-x_2$	$(P_2-F-K, F-B-E)$	$(P_2-K, -H)$

资料来源：作者自制。

第二步：复制动态方程。

1. 政府的演化博弈复制动态方程

设政府采取监管策略的期望收益为 V_{11}，不监管策略的期望收益为

V_{12}，平均期望收益为 V_1，$F(x_1)$ 为政府的演化博弈复制动态方程，求解得：

$$V_{11} = x_2 B - x_2 A - x_2 F + F - B - E ; \quad V_{12} = x_2 H - H ;$$
$$V_1 = x_1 V_{11} + (1 - x_1) V_{12} \qquad (6-1)$$
$$F(x_1) = \frac{dx_1}{dt} = x_1 (V_{11} - V_1) = x_1 (1 - x_1)$$
$$(x_2 B - x_2 A - x_2 F - x_2 H + H + F - B - E) \qquad (6-2)$$

2. 企业的演化博弈复制动态方程

设企业采取补偿的期望收益为 V_{21}，不补偿策略的期望收益为 V_{22}，平均期望收益为 V_2，$F(x_2)$ 为企业的演化博弈复制动态方程，求解得：

$$V_{21} = x_1 A + P_1 - L ; \quad V_{22} = - x_1 F + P_2 - K ;$$
$$V_2 = x_2 V_{21} + (1 - x_2) V_{22} \qquad (6-3)$$
$$F(x_2) = \frac{dx_2}{dt} = x_2 (1 - x_2) (x_1 A + x_1 F + P_1 - P_2 + K - L) \qquad (6-4)$$

第三步：模型演化和分析。

联立复制动态方程，求均衡解：令 $\begin{cases} F(x_1) = 0 \\ F(x_2) = 0 \end{cases}$，存在 5 个特殊均衡

点 $(0, 1)$、$(1, 0)$、$(1, 1)$、$(0, 0)$、$\left(\dfrac{P_2 - P_1 + L - K}{A + F}, \dfrac{H + F - B - E}{H + F - B + A} \right)$，

微分方程的稳定性及演化稳定策略性质要求复制动态方程导数小于 0 时才为均衡解，因此分情况进行讨论。

1. 对政府的分析

（1）当 $x_2 = \dfrac{H + F - B - E}{H + F - B + A}$，$F(x_1) = 0$，说明政府的策略选择处于稳定状态，即无论政府选择监管或不监管，其策略选择比例不会随着时间改变。

（2）当 $x_2 \neq \dfrac{H + F - B - E}{H + F - B + A}$，令 $F(x_1) = 0$，则均衡点为 $x_1 = 0$ 或

$x_1 = 1$，$\dfrac{dF(x_1)}{dx_1} = (1 - 2x_1)(x_2 B - x_2 A - x_2 F - x_2 H + H + F - B - E) < 0$

则为均衡点。若 $0 < x_2 < \dfrac{H+F-B-E}{H+F-B+A} < 1$，$\dfrac{dF(x_1)}{dx_1}\bigg|_{x_1=0} > 0$，

$\dfrac{dF(x_1)}{dx_1}\bigg|_{x_1=1} < 0$，$x_1 = 1$ 是均衡点，说明政府监管是演化稳定策略；

若 $0 < \dfrac{H+F-B-E}{H+F-B+A} < x_2 < 1$，$\dfrac{dF(x_1)}{dx_1}\bigg|_{x_1=0} < 0$，$\dfrac{dF(x_1)}{dx_1}\bigg|_{x_1=1} > 0$，

$x_1 = 0$ 是均衡点，说明政府不监管是演化稳定策略。

2. 对企业的分析

（1）当 $x_1 = \dfrac{P_2 - P_1 + L - K}{A + F}$，$F(x_2) = 0$，说明企业的策略选择处于稳定状态，即无论企业选择补偿与否，其策略选择比例不会随着时间改变。

（2）当 $x_1 \neq \dfrac{P_2 - P_1 + L - K}{A + F}$，令 $F(x_2) = 0$，均衡点为 $x_2 = 0$ 或 $x_2 = 1$，需满足 $\dfrac{dF(x_2)}{dx_2} = (1 - 2x_2)(x_1 A + x_1 F + P_1 - P_2 + K - L) < 0$。

若 $0 < x_1 < \dfrac{P_2 - P_1 + L - K}{A + F} < 1$，$\dfrac{dF(x_2)}{dx_2}\bigg|_{x_2=0} < 0$，$\dfrac{dF(x_2)}{dx_2}\bigg|_{x_2=1} > 0$，

$x_2 = 0$ 是均衡点，说明企业不补偿是演化稳定策略；若 $0 < \dfrac{P_2 - P_1 + L - K}{A + F}$

$< x_1 < 1$，$\dfrac{dF(x_2)}{dx_2}\bigg|_{x_2=0} > 0$，$\dfrac{dF(x_2)}{dx_2}\bigg|_{x_2=1} < 0$，$x = 1$ 是均衡点，说明企业补偿是演化稳定策略。

第四步：对策建议。

从政府的复制动态方程和均衡分析看，政府的行为不仅取决于政府本身监管成本 E、生态补偿支出 B、对企业罚款 F 的大小，企业的策略选择也对政府的行为具有重要影响。政府监管成本 E 的减少和对企业优惠补贴 A，能够促使 x_1 趋向于 1，推动政府监管策略的选择。对企业来说，政府监管是企业进行有效生态补偿的重要条件。而现实中海洋油气资源开发企业以大中型国有企业为主，容易产生政企合谋，从而使政府放松监管，导致税收优惠和罚款的减少，促使企业的演化

稳定策略为不补偿，不利于海洋生态环境的保护和修复。

为此，亟须加强政府对海洋油气资源开发生态补偿的监管和落实。政府监管是企业选择生态补偿策略的重要条件。加强政府监管，首先，应从体制内寻找监管效率低、成本高的原因，通过政府机构人员的改革、部门之间协调性的加强、先进的监管手段和信息化的应用来降低监管成本。其次，采用"胡萝卜加大棒"的方式，合理运用对企业的罚款 F 和优惠 A，杜绝企业寻租行为，提高监管效果。最后，企业的策略选择也对政府的行为具有重要影响，政府还应当积极创造法律、政策、制度等条件，综合考虑影响博弈主体的因素，引导企业和社会公众积极进行自我监管，实现政府和企业（监管，补偿）的演化稳定策略。

（二）海洋油气开发企业和当地居民的博弈模型和分析

以中海油为主的海洋油气资源开发企业是地方经济的重要贡献者，对于增加当地居民收入，缓解就业压力发挥了积极作用，但是企业的开发活动占用了部分居民用地，使当地居民面临大气污染、土壤植被破坏等环境问题，突发的海洋溢油事故直接给当地居民、渔民造成了巨大的经济损失。当地居民是海洋油气资源开发活动直接的受害者，但是无法从资源开发活动中获取利益，因此通过生态补偿来进行利益平衡。双方均以自身利益最大化为目标进行选择，存在严重的矛盾和冲突。一方面，企业为了减少其损失不愿意兑现其生态补偿的承诺，甚至通过隐瞒、利诱、威胁等各种行为逃避补偿。另一方面，当地居民除了通过法律手段得到相应补偿之外，往往采取示威、阻拦企业正常工作等一系列群体性行为来寻求问题的解决。双方基于各自的利益诉求存在着相互博弈的关系。

第一步：博弈的初始假设条件与参数设定。

假设海洋油气资源开发企业和当地居民是博弈双方，企业的策略选择为（补偿，不补偿），补偿的概率为 y_1，当地居民的选择为（接受，不接受），接受的概率为 y_2。同上，企业进行生态补偿的收益为 P_1，不补偿的收益为 P_2，长期以来 $P_1 > P_2$。当地居民接受生态补偿时，企业付出的生态补偿为 Q，但会获得政府支持为 G，不补偿时会使当地居民产生不满、造成企业声誉损失，甚至产生暴力抗争的损失

为 I，损失 I 通常大于 G。当地居民因海洋油气开发企业的开采活动受到的损失为 S，不接受企业补偿，与企业进行谈判和抗争的损失为 J，接受补偿可获得政府奖励 T。博弈双方的策略组合和收益见表 6−2。

表 6−2　　　　　　　　海洋油气开发企业和当地居民的支付矩阵

当地居民	海洋油气开发企业	
	补偿 y_1	不补偿 $1-y_1$
接受 y_2	$(Q-S,\ P_1-Q+G)$	$(T-S,\ P_2)$
不接受 $1-y_2$	$(Q-S-J,\ P_1-Q)$	$(-S-J,\ P_2-I)$

资料来源：作者自制。

第二步：复制动态方程。

1. 海洋油气开发企业的演化博弈复制动态方程

设企业采取补偿策略的期望收益为 W_{11}，不补偿策略的期望收益为 W_{12}，平均期望收益为 W_1，$F(y_1)$ 为企业的演化博弈复制动态方程，求解得：

$$W_{11} = y_2 G + P_1 - Q;\quad W_{12} = y_2 I + P_2 - I;$$
$$W_1 = y_1 W_{11} + (1-y_1) W_{12} \tag{6-5}$$

$$F(y_1) = \frac{dy_1}{dt} = y_1 (1-y_1)(y_2 G - y_2 I + P_1 - P_2 + I - Q) \tag{6-6}$$

2. 当地居民的演化博弈复制动态方程

当地居民接受补偿策略的期望收益为 W_{21}，不接受补偿策略的期望收益为 W_{22}，平均期望收益为 W_2，$F(y_2)$ 为公众的演化博弈复制动态方程，求解得：

$$W_{21} = y_1 Q - y_1 T + T - S;\quad W_{22} = y_1 Q - S - J;$$
$$W_2 = y_2 W_{21} + (1-y_2) W_{22} \tag{6-7}$$

$$F(y_2) = \frac{dy_2}{dt} = y_2 (1-y_2)(-y_1 T + T + J) \tag{6-8}$$

第三步：模型演化和分析。

联立复制动态方程，求均衡解：令 $\begin{cases} F(y_1) = 0 \\ F(y_2) = 0 \end{cases}$，存在 5 个特殊均衡

点 $(0, 1)$、$(1, 0)$、$(1, 1)$、$(0, 0)$、$\left(\dfrac{T+J}{T}, \dfrac{P_1 - P_2 + I - Q}{I - G} \right)$，微分方程的稳定性及演化稳定策略性质，要求复制动态方程导数小于零时才为均衡解，因此分情况进行讨论。

1. 对企业的分析

（1）当 $y_2 = \dfrac{P_1 - P_2 + I - Q}{I - G}$，$F(y_1) = 0$，说明企业的策略选择处于稳定状态，即无论企业选择补偿或不补偿，其策略选择比例不会随着时间改变。

（2）当 $y_2 \neq \dfrac{P_1 - P_2 + I - Q}{I - G}$，令 $F(y_1) = 0$，则均衡点为 $y_1 = 0$ 或 $y_1 = 1$，$\dfrac{dF(y_1)}{dy_1} = (1 - 2y_1)(y_2 G - y_2 I + P_1 - P_2 + I - Q) < 0$ 则为均衡点。若 $0 < y_2 < \dfrac{P_1 - P_2 + I - Q}{I - G} < 1$，$\dfrac{dF(y_1)}{dy_1} \Big|_{y_1=0} > 0$，$\dfrac{dF(y_1)}{dy_1} \Big|_{y_1=1} < 0$，$y_1 = 1$ 是均衡点，说明企业进行生态补偿是演化稳定策略；若 $0 < \dfrac{P_1 - P_2 + I - Q}{I - G} < y_2 < 1$，$\dfrac{dF(y_1)}{dy_1} \Big|_{y_1=0} < 0$，$\dfrac{dF(y_1)}{dy_1} \Big|_{y_1=1} > 0$，$y_1 = 0$ 是均衡点，说明企业不补偿是演化稳定策略。

2. 对当地居民的分析

（1）当 $y_1 = \dfrac{T+J}{T}$，$F(y_2) = 0$，说明当地居民的策略选择处于稳定状态，即无论当地居民选择接受与否，其策略选择比例不会随着时间改变。

（2）当 $y_1 \neq \dfrac{T+J}{T}$，令 $F(y_2) = 0$，均衡点为 $y_2 = 0$ 或 $y_2 = 1$，需满足 $\dfrac{dF(y_2)}{dy_2} = (1 - 2y_2)(-y_1 T + T + J) < 0$。若 $0 < y_1 < \dfrac{T+J}{T} < 1$，$\dfrac{dF(y_2)}{dy_2} \Big|_{y_2=0} > 0$，$\dfrac{dF(y_2)}{dy_2} \Big|_{y_2=1} < 0$，$y_2 = 1$ 是均衡点，说明居民接受是演化稳定策略；若 $0 < \dfrac{T+J}{T} < y_1 < 1$，$\dfrac{dF(y_2)}{dy_2} \Big|_{y_2=0} < 0$，$\dfrac{dF(y_2)}{dy_2} \Big|_{y_2=1} > 0$，

$y_2 = 0$ 是均衡点，说明不接受是演化稳定策略。

在企业和当地居民的博弈中，双方处于不平等的地位，企业在信息获取和力量对比上处于优势，根据 $0 < y_2 < \dfrac{P_1 - P_2 + I - Q}{I - G} < 1$，公众不接受的策略选择，能够促进企业选择生态补偿的策略。但是，当地居民若不接受生态补偿可能付出更多的谈判和抗争的损失 J，公众的不接受和对企业的监督等行为依赖于一定条件。

第四步：对策建议。

增强公众维权意识，保障受偿主体利益。企业与当地居民在海洋油气资源开发中矛盾最多，以渔民和当地居民为代表的公众维权意识的高低决定着企业生态补偿是否达到标准，在两者之间的利益博弈中，公众处于弱势地位，应当充分考虑公众的经济利益需求。依据生态补偿的法律和政策，发挥政府、市场和社会的合力，对公众保护海洋环境的行为，海洋油气企业开发给当地居民带来的生产生活损失以及对海洋生态环境本身的损害进行多方位的补偿。协调海洋油气开发企业和当地居民之间的利益分配，提高公众参与生态补偿的积极性，激发公众对生态补偿的监督。

（三）海油企业作业方和承包方的博弈模型和分析

海洋油气资源开发资金需求大，技术复杂，并且我国海洋油气资源开发主要为产品分成合同模式，开发主体不一。目前，海洋油气开发主体可分为三类：（1）石油合同的双方为一国政府或国家石油公司与承租人或持照人；（2）享有权益的油井合作者或对作业活动或设备有控制能力的人，包括享有股权的合作者、作业方和钻井平台所有人；（3）外围提供局部具体服务的服务合同方，如浇注水泥工作、套管作业、提供防喷器等服务合同方。2011 年 11 月我国修订后的《对外合作开采海洋石油资源条例》增加了"承包者"的概念，指出"作业者"是指按照石油合同的规定负责实施作业的实体、"承包者"是指向作业者提供服务的实体。通常情况下，作业方是海洋生态环境污染和破坏的直接主体，是危险源的开启者和控制者，对油气勘探开发活动具有全面的管理和控制责任，并且从油气实际开采中获得大量报酬，是生态补偿重要的付费者；以中海油为代表的合同方、承包方与作业方通过行业合同确定职责、风险和收益的划分，中海油往往占据较大比例的权益，并且负有监管的职责，也是不可忽视的生态补偿付费主体。作业方和承包方在生态补偿责任和资金的划分中存在博弈关系，因此以作业方和承包方为博弈双方探讨其博弈关系。

第一步：博弈的初始假设条件与参数设定。

博弈双方为海洋油气资源开发过程中的作业方和承包方，策略选择均为（补偿、不补偿），双方的补偿都是有效的，作业方选择补偿的概率为 z_1，承包方选择补偿的概率为 z_2。假设作业方进行生态补偿时收益为 R_1，所必须付出的成本为 C_1，积极进行生态补偿能够获得企业信誉和长远生态效益等收益 M_1；作业方单方面的补偿并不一定能够满足补偿的要求，若此时承包商不补偿，M_1 忽略不计；当作业方逃避责任，不进行生态补偿时收益为 R_2，当承包商也不进行补偿时会遭到受害者抵抗、企业信用、政府罚款、停产停业等损失 D_1，并且可能面临违约，向承包商支付高额违约金 N_1。按照合同协议承包方的收益是作业方收益的固定比例 α，承包商进行生态补偿的支付 C_2，进行生态补偿同样能够获得相应的税收减免、企业信誉等收益 M_2；若作业方不补偿，M_2 忽略不计，随着人们环境意识和维权意识的提高，不进行补偿时会遭到受害者抵抗、企业信用、政府罚款等损失 D_2。博弈双方的策略组合和收益见表 6 - 3。

表 6 - 3　　　　海洋油气开发企业作业方和承包方的支付矩阵

作业方	承包方	
	补偿 z_2	不补偿 $1 - z_2$
补偿 z_1	$(R_1 - C_1 + M_1,\ \alpha R_1 - C_2 + M_2)$	$(R_1 - C_1,\ \alpha R_1)$
不补偿 $1 - z_1$	$(R_2 - N_1,\ \alpha R_2 - C_2 + N_1)$	$(R_2 - D_1,\ \alpha R_2 - D_2)$

资料来源：作者自制。

第二步：复制动态方程。

1. 作业方的演化博弈复制动态方程

设作业方采取补偿策略的期望收益为 U_{11}，不补偿策略的期望收益为 U_{12}，平均期望收益为 U_1，$F(z_1)$ 为作业方的演化博弈复制动态方程，求解得：

$$U_{11} = z_2 M_1 + R_1 - C_1 \, ; \quad U_{12} = z_2 D_1 - z_2 N_1 + R_2 - D_1 \, ;$$

$$U_1 = z_1 U_{11} + (1 - z_1) U_{12} \qquad (6-9)$$

$$F(z_1) = \frac{dz_1}{dt} = z_1 (1 - z_1) (z_2 M_1 - z_2 D_1 + z_2 N_1 -$$

$$R_2 + R_1 - C_1 + D_1) \qquad (6-10)$$

2. 承包方的演化博弈复制动态方程

设承包方采取补偿的期望收益为 U_{21}，不补偿策略的期望收益为 U_{22}，平均期望收益为 U_2，$F(z_2)$ 为承包方的演化博弈复制动态方程，求解得：

$$U_{21} = z_1 \partial R_1 - z_1 \partial R_2 + \partial R_2 + z_1 M_2 - z_1 N_1 + N_1 - C_2 \, ;$$

$$U_{22} = z_1 \partial R_1 - z_1 \partial R_2 + z_1 D_2 + \partial R_2 - D_2 \, ;$$

$$U_2 = z_2 U_{21} + (1 - z_2) U_{22} \qquad (6-11)$$

$$F(z_2) = \frac{dz_2}{dt} = z_2 (1 - z_2) (z_1 M_2 - z_1 D_2 - z_1 N_1 + N_1 - C_2 + D_2)$$

$$(6-12)$$

第三步：模型演化和分析。

联立复制动态方程，求均衡解：令 $\begin{cases} F(z_1) = 0 \\ F(z_2) = 0 \end{cases}$，存在 5 个特殊均衡

点 $(0, 1)$、$(1, 0)$、$(1, 1)$、$(0, 0)$、$\left(\dfrac{N_1 + D_2 - C_2}{D_2 + N_1 - M_2}, \dfrac{R_2 - R_1 + C_1 - D_1}{M_1 - D_1 + N_1} \right)$，

微分方程的稳定性及演化稳定策略性质，要求复制动态方程导数小于零时才为均衡解，因此分情况进行讨论。

1. 对作业方的分析

（1）当 $z_2 = \dfrac{R_2 - R_1 + C_1 - D_1}{M_1 - D_1 + N_1}$，$F(z_1) = 0$，说明作业方的策略选择处于稳定状态，即无论作业方选择补偿或不补偿，其策略选择比例

都不会随着时间改变。

（2）当 $z_2 \neq \dfrac{R_2 - R_1 + C_1 - D_1}{M_1 - D_1 + N_1}$，令 $F(z_1) = 0$，均衡点为 $z_1 = 0$ 或

$z_1 = 1$，$\dfrac{dF(z_1)}{dz_1} = (1 - 2z_1)(z_2 M_1 - z_2 D_1 + z_2 N_1 - R_2 + R_1 - C_1 + D_1) < 0$

则为均衡点。若 $0 < z_2 < \dfrac{R_2 - R_1 + C_1 - D_1}{M_1 - D_1 + N_1} < 1$，$\dfrac{dF(z_1)}{dz_1}\bigg|_{z_1 = 0} < 0$，

$\dfrac{dF(z_1)}{dz_1}\bigg|_{z_1 = 1} > 0$，$z_1 = 0$ 是均衡点，说明作业方不补偿是演化稳定策

略；若 $0 < \dfrac{R_2 - R_1 + C_1 - D_1}{M_1 - D_1 + N_1} < z_2 < 1$，$\dfrac{dF(z_1)}{dz_1}\bigg|_{z_1 = 0} > 0$，$\dfrac{dF(z_1)}{dz_1}\bigg|_{z_1 = 1} < 0$，

$z_1 = 1$ 是均衡点，说明作业方补偿是演化稳定策略。

2. 对承包方的分析

（1）当 $z_1 = \dfrac{N_1 + D_2 - C_2}{D_2 + N_1 - M_2}$，$F(z_2) = 0$，说明承包方的策略选择处

于稳定状态，即无论承包方选择补偿与否，其策略选择比例不会随着

时间改变。

（2）当 $z_1 \neq \dfrac{N_1 + D_2 - C_2}{D_2 + N_1 - M_2}$，令 $F(z_2) = 0$，均衡点为 $z_2 = 0$，$z_2 = $

1，满足 $\dfrac{dF(z_2)}{dz_2} = (1 - 2z_2)(z_1 M_2 - z_1 D_2 - z_1 N_1 + N_1 - C_2 + D_2) < 0$

则为均衡点。若 $0 < z_1 < \dfrac{N_1 + D_2 - C_2}{D_2 + N_1 - M_2} < 1$，$\dfrac{dF(z_2)}{dz_2}\bigg|_{z_2 = 0} > 0$，

$\dfrac{dF(z_2)}{dz_2}\bigg|_{z_2 = 1} < 0$，$z_2 = 1$ 是均衡点，说明承包方补偿是演化稳定策略；

若 $0 < \dfrac{N_1 + D_2 - C_2}{D_2 + N_1 - M_2} < z_1 < 1$，$\dfrac{dF(z_2)}{dz_2}\bigg|_{z_2 = 0} < 0$，$\dfrac{dF(z_2)}{dz_2}\bigg|_{z_2 = 1} > 0$，$z_2 = 0$

是均衡点，说明承包方不补偿是演化稳定策略。

第四步：对策建议。

海洋油气资源开发主体具有复杂性，因此，开发企业内部也存在
互相博弈的关系。尽管作业方和承包方分工不同，但双方都是海洋油
气资源开发的受益者，均应承担相应的生态补偿责任。作业方选择补

偿与否取决于承包方的补偿概率 z_2，根据自身和外部情况确定 z_2 值，随着 z_2 值的变动调整策略。承包方选择补偿与否取决于作业方的补偿概率 z_1，根据自身和外部情况确定 z_1 值，随着 z_1 值的变动调整策略。

　　为实现期望收益的（补偿，补偿）演化稳定策略，需要降低生态补偿成本，提高生态补偿收益。海洋油气资源开发的模式决定了开发企业的多样性，企业内部的博弈关系加大了生态补偿的难度。从作业方和承包方的博弈模型看，双方的行为互相影响，只有减少企业的补偿支付，提高企业进行补偿后的长期综合效益才有利于（补偿，补偿）演化稳定策略的实现。一方面，综合运用税费减免、财政补贴、银行信贷等政策手段和排污权、生态配额、海洋资源使用权等市场交易手段，建立补偿资金投资和保障机制，降低企业生态补偿成本。另一方面，加强生态补偿激励机制建设，制定明确的奖励制度，通过绿色诚信体系、企业信用评级、社会责任评价等方式提高企业生态补偿的信誉效益。

（四）海洋油气资源开发生态补偿主体博弈关系总结

　　综上所述，如图 6-1 所示，海洋油气资源开发生态补偿过程中，作为监管主体的政府、付费主体的企业、受偿主体的公众以及企业内部的作业方和承包方各自扮演了不同的角色，同时又通过具体的参数相互联系、相互影响，各主体之间存在牵一发而动全身的博弈关系。各主体的行为选择不会固定收敛于特定的稳定策略集合，任何设定参数的变动可能引起多方主体同时调整其策略选择。因此，在政府的引导和监管下，海洋油气开发企业应积极承担生态环保的社会责任，并且激发公众的维权意识和监督作用，在加强各自力量的基础上，通过多方主体的合作，促进生态补偿的落实。

第二节　海洋油气资源开发生态补偿的标准

　　补偿标准旨在解决生态补偿机制中"补偿多少"的问题，由于生态系统服务的价值难以计量，补偿标准的确立是生态补偿机制的难点。生态系统服务价值评估是生态补偿标准制定的重要参考。标准的制定是为了利益的均衡，而利益的均衡归根到底离不开价值的评价。

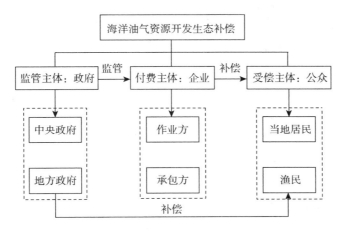

图 6－1　海洋油气资源开发生态补偿的主要利益主体

资料来源：作者自制。

在前面第四章和第五章已分别针对海洋油气资源开发的不同情景和不同生态损害类型构建了补偿价值的评估模型，并结合不同情景的油田开发项目对评估模型分别进行了验证和应用，为不同生态情景下补偿标准的量化提供了现实依据和参考。为此，本章将从整体上总结归纳补偿标准的确定方法，关于如何确定生态补偿标准，归纳起来主要有两种常用做法：一是核算即补偿价值量化—评估；二是在核算的基础上进行博弈—协商。

一　海洋油气资源开发生态补偿价值的量化—评估

鉴于海洋油气资源开发对海洋生态系统服务功能造成了损害，可以通过评估海洋生态系统服务价值的方法来评估海洋油气资源开发生态补偿的价值。综合目前国内外研究成果，依据海洋生态系统服务有无直接的开放市场，将评估方法分为两大类即直接市场评估法和间接市场评估法，每一类里又有很多具体的方法。

（一）直接市场法

直接市场法是将生态系统服务或环境质量视为造成生产成本及生

产率变化的一个生产要素，进行市场价格和投入产出的衡量。海洋生态系统的直接服务功能价值及其变化量可以依据直接或间接观测到的市场价格和产出水平来计算总量，该类方法包括市场价值法、人力资本法、机会成本法、影子工程法等。

1. 市场价值法

市场价值法是对具有市场价值的生态系统产品和功能进行评估的一种方法，该方法根据海洋生态系统变化所引起的海洋物质产品生产率变动来评估生态系统服务功能变化的货币价值，通过服务功能相对应的市场价格作为经济价值的衡量标准。该方法适用于没有费用支出但有市场价格的生态系统服务功能的价值评估。

在评估海洋生态系统的食品供给服务价值的损失时，可采用市场价值法，其计算公式为：

$$V_E = \Delta Q \times (P_1 + P_2) / 2 \qquad (6-13)$$

式（6-13）中，V_E 表示海洋生态系统服务功能的价值，ΔQ 表示产品变量，P_1、P_2 分别表示产量变化前后的价格。

该方法依据的是真实的市场资料，容易被人们理解接受。但是资料来源较多，口径不一，会使评估结果不具有一致性。并且因为多种海洋生态系统服务功能之间存在交叉，使用此方法时很难从技术上将各服务功能区分开，会产生一定的重复计算。因此，在使用此方法时，一定要注意各评估项间的重复项。

2. 人力资本法

人力资本法又称工资损失法。该方法是用货币来衡量生态系统服务功能变化对人体健康的影响，从而引发疾病或者造成死亡，最终造成收入的减少以及医疗费用的增加等。可以根据市场上人力资源价格和平均工资的高低，替代性估计海洋生态系统服务变化对人体健康的影响。在充分考虑到每个人将来的可能性工资之后，估算其劳动价值。计算公式如下：

$$V = \sum_{i=1}^{T-1} P_{t+i} \times E_{t+i} / (1+r)^i \qquad (6-14)$$

式（6-14）中，V 为海洋生态系统服务功能的价值，P_{t+i} 是年龄

为 t 岁的人活到 $t+i$ 岁的概率，E_{t+i} 是年龄为 $t+i$ 时的预期收入，r 为贴现率，T 为从工作岗位上退休的年龄。

使用该方法需具备完善的劳动力市场，且没有发生价格扭曲；人体健康损害效果明显，具有明确的剂量反映关系，且可以通过市场价格反映损失。

3. 机会成本法

机会成本是指将某一有限海洋资源用于某一种用途时所放弃的其他用途的最大可能受益。应用机会成本法，通过分析和对比某一海洋资源不同用途下的收益，测算出放弃其他机会所可能获得的最大收益。例如，部分海域既可以用于海水养殖，又可用于石油开采，如果用于石油开采，就会失去由海水养殖可能带来的利益。计算公式如下：

$$V = E_j = \max \{E_1, E_2, E_3, \cdots, E_n\} \qquad (6-15)$$

式（6-15）中，V 为海洋生态系统服务价值，E_j 为用途 j 的机会成本，E_i 为海洋生态资源的其他用途，其中 $i = 1, 2, \cdots, n$；$i \neq j$。

机会成本法在核算时既考虑到资源开发使用者所要付出的代价，而且也考虑到资源开发使用对同代其他人及后代人的影响，对海洋生态系统服务功能及其价值测算比较客观，可以为海洋资源开发利用的决策提供科学合理的依据。此方法特别适用于估算那些不能直接估算社会效应的某些海洋资源，例如那些具有不可逆性的海洋资源开发项目。

4. 影子工程法

影子工程法是指当某海洋生态系统服务由于某一用海项目的建设而遭到损害，且难以按市场价格直接评估时，通过提供相似功能的替代工程对其经济价值进行估算。例如，海洋油气开采中出现的突发溢油事故，溢油量大，破坏性强，会扰乱用海海域及周边的空气质量调节功能，可以考虑用人工建设的工程对原有生态服务功能进行替代，经济损失近似估算为建设和维护替代工程的费用。计算公式如下：

$$V \approx S = \sum_{i=1}^{n} a_i \qquad (6-16)$$

式（6-16）中，V 为海洋生态系统服务价值，S 为替代工程的造价和运营维护费用的总和，a_i 为替代工程项目建设和运营维护的各项费用支出。

这种方法的难点就是对于"影子工程"的选择，因为"影子工程"的选择是多样的，在选择时不仅要考虑到工程的可行性，还要确保该工程可以实现原生态系统服务功能，并且对生态系统不产生任何负面影响。因此，在使用该方法时，应当注意对"影子工程"的多种选择进行全面的考虑和比较。

表6-4 直接市场评估方法的简介

方法类型	适用范围	优缺点	影响因素
市场价值法	海洋生态系统服务功能变化影响生产率，且有实际市场价格，如石油、渔业资源等	成本低，简单易行；但难以从技术上区分服务功能，产生重复计算	市场价浮动
人力资本法	对人体健康损害，具有明确量化反映关系，且可通过市场价格反映损失；有完善的劳动力市场，无价格扭曲	计算方便；但计算预期收入时忽略无固定收入人群	人平均寿命、劳动价格的变化
机会成本法	海洋资源因某一实际用途而放弃的其他用途的收益情形	实用且较客观，可操作，机会较多；但选择困难	环境属性及评估参数
影子工程法	难以用市场价格估算海洋生态系统服务功能的价值的情形	可替代估算且选择多；但难以全面考虑	工程选择及其造价

资料来源：根据黄秀蓉博士学位论文改编。黄秀蓉：《海洋生态补偿的制度建构及机制设计研究》，博士学位论文，西北大学，2015年，第83页。

（二）间接市场法

间接市场法是指当海洋生态系统服务功能难以通过开放市场和市场价格体现时，选择具有相应市场价格的替代品，计算替代品的价值以衡量该海洋生态系统服务功能的价值。主要包括旅行费用法、防护费用法和资产价值法。

1. 旅行费用法

旅行费用法又称费用支出法或游憩费用法。该方法较多用于计算无明确市场价值的环境资源的旅游娱乐服务价值，将游客对该服务的偏好和支付意愿作为评价标准。旅游者在旅游活动中除了要支付往返交通费、食宿费、门票费等，还包括付出的时间成本，所以旅游者对旅游娱乐服务的实际支付由旅行费用和时间成本来确定，旅游者的支付意愿就等于实际支付与相应的消费者剩余之和。根据旅游景点游客的分散特征，可以将旅行费用法分为区域、个体和随机效用三种模型。

（1）区域模型主要使用推断资料，其资料主要来自旅游者的统计数据，该方法适用于评估游客范围庞大且复杂的海洋生态系统。计算公式为：

$$Q_i = \frac{T_i}{P_i} = f\,(\,C_i,\ x_{i1},\ x_{i2},\ x_{i3},\ \cdots,\ x_{im}\,) \ = a_0 + a_1 C_i + a_{2j} x_{ij} \quad (6-17)$$

式（6-17）中，Q_i 为出发地区 i 的旅游率（$i=1,\ 2,\ \cdots,\ n$）；T_i 为根据样本抽样的结果推算出的从区域 i 到评价地点的总旅游人数；P_i 为出发地区 i 的总人口；C_i 为从区域 i 到评价地点的总旅行费用；x_{ij} 为区域 i 的旅游者收入，受教育水平和其他社会经济支出（$j=1,\ 2,\ \cdots,\ m$）；a_i、a_{ij} 均为比例系数。

（2）个体模型使用的资料是以个人资料为基准的，适用于游客范围较小，且游客主要为当地居民的海洋生态系统。计算公式为：

$$N_{ij} = f\,(\,E_{ij},\ T_{ij},\ Q_i,\ S_i,\ P_i\,) \quad (6-18)$$

式（6-18）中，N_{ij} 为个人 i 到地点 j 的旅游次数；E_{ij} 为每次去地区 j 时个人 i 的花费；T_{ij} 为个人 i 每次去地区 j 花费的时间；Q_i 为旅游地点的效用衡量，主观满意程度；S_i 为替代物的特征（相似的自然景观，该地区的其他娱乐项目）；P_i 为个人收入或家庭收入。

（3）随机效用模型通常适用于小范围的地点价值评估及由评估消费者的选择变化导致的消费者剩余发生的变化量。该模型既可以用于评估旅游地的生态系统价值，又可以很好地评估某一地区的景观价值。计算公式为：

$$U_{ij} = f\,(\,P_i - E_{ij},\ Q_i,\ S_i\,) \ + u_{ij} \quad (6-19)$$

式（6-19）中，U_{ij} 为旅游者 i 选择旅游地 j 时的效用；P_i 为旅游者 i 的收入；E_{ij} 为旅游者 i 每次去 j 地区时的花费；Q_i 为生态系统服务的特点；S_i 为旅游者 i 的其他社会经济变量；u_{ij} 为不可观察的效用，设为随机变量。

使用旅行费用法的优点是，该方法没有复杂的数学模型，且所需的数据资料较容易获得。但是，该方法也有明显的不足之处。因为在使用该方法时，假设旅游消费剩余与海洋生态系统的旅游娱乐服务功能的价值相同，且在计算旅游费用时，一般只考虑现有的旅游消费剩余，没有考虑到未来的旅游消费拉动力，这样就会使估算结果偏小，难以体现海洋生态系统服务功能的真实价值。

2. 防护费用法

防护费用法是为了预防或降低用海项目建设可能带来的环境恶化所造成的污染的费用支出来替代评估生态系统服务功能损失的价值。例如，为了尽力减少海洋油气资源开发造成的污染，需要通过一定的设备和设施进行污染处理和生态修复，而建设和运行这些设备和设施是有费用支出的。计算公式为：

$$V = \sum_{i}^{n} v_i = \sum_{i}^{n} \sum_{j}^{m} e_{ij} \qquad (6-20)$$

式（6-20）中，V 为海洋生态系统服务价值；v_i 为设施 i 的总费用支出；e_{ij} 为设施 i 在阶段 j 的花费支出。

防护费用法是用避免海洋生态系统服务功能丧失而形成的成本估计其价值。防护费用法的优点是它所需要的数据资料比较容易获得。但是，该方法是建立在成本估计的基础上，所以其评估结果不能从技术上正确反映生态系统价值。

3. 资产价值法

资产价值法假设任何生态系统的变化都能对资产的价值产生影响，通过反向推理计算某些关联产品价格的变动，来反映海洋生态系统服务功能变化的价值。计算公式为：

$$V = f(S, N, Q) \qquad (6-21)$$

式（6-21）中，V 为海洋生态系统所影响的资产总价值；S 为资产本身的特性；N 为资产周围的社区特点变量；Q 为资产周围的海洋生态环境变量。

用线性函数表示为：

$$P = a_0 + a_1 C_{1i} + a_2 C_{2i} + \cdots + a_n C_{ni} \qquad (6-22)$$

式（6-22）中，C_{1i}，C_{2i}，$\cdots$，C_{ni} 为资产特性和周围的影响因素。

假设其他因素不变时，只是周围的生态环境发生变化，对其进行微分可得：

$$a_n = \Delta P / \Delta Q \qquad (6-23)$$

式（6-23）中，a_n 为改善（或恶化）生态系统的边际支付意愿。资产价值法适用于评价空气和海水质量下降所导致的海洋生态系统服务功能价值的损失。使用该方法的前提是单一的资产市场既要均衡又要足够大，若市场不均衡，人们的福利变化就难以通过海洋生态系统服务功能价值完全反映出来；若市场不够大，就很难建立相关方程。该方法的使用需要大量的数据和高超的经济统计技巧，否则不利于最后评估结果的可靠性。

表6-5 总结了上述评估方法，对比了各评估方法的适用范围、优缺点及影响因素。

表6-5 间接市场评估方法的简介

方法类型	适用范围	优缺点	影响因素
旅行费用法	海洋生态系统的旅游娱乐服务功能价值计算	无复杂的数学模型，数据资料比较容易获得，但估算结果偏小	价格变动和景点远近
防护费用法	适用于预防和防护，评估对人类健康的影响	数据资料容易获得；但结果未能从技术上正确反映生态系统价值	防护设备的价格及劳动力价格变动
资产价值法	评价由生态破坏引起空气和海水质量下降进而产生的海洋生态系统服务功能价值的损失	可量化无市场价值的生态系统服务功能价值，但需要大量数据并且要很高的经济和统计技巧	被调查者知识背景和收入

资料来源：根据黄秀蓉博士学位论文改编。黄秀蓉：《海洋生态补偿的制度建构及机制设计研究》，博士学位论文，西北大学，2015年，第83页。

在明确上述评估方法的内容、优缺点和影响因素的基础上，表6-6

将其与具体的生态系统服务功能对应，进一步总结了各海洋生态系统服务功能的主要适用方法。

表 6 – 6　　　　　海洋生态系统服务功能价值评估方法对照

服务功能	适用核算方法							
	市场价值法	机会成本法	影子工程法	人力资本法	影子价格法	旅行费用法	资产价值法	条件价值法
食物供给	√				√			
原材料供给	√				√			
旅游娱乐		√				√		√
空气调节			√					√
环境调节			√	√			√	
基因资源		√						√
科学研究								√
生物多样性								√
气候调节								√

资料来源：黄秀蓉：《海洋生态补偿的制度建构及机制设计研究》，博士学位论文，西北大学，2015 年，第 84 页。

二　海洋油气资源开发生态补偿价值的博弈—协商

博弈—协商法是指在生态补偿价值量化—评估的基础上，各利益相关者在一定的补偿区间内经协商同意而确定生态补偿标准的方法。生态补偿的实质是在生态受益者、受损者和保护者等利益群体之间重新配置生态保护的社会净效益。由于各主体均以自身利益最大化为目标进行策略选择，相互之间存在博弈。另外，虽然生态补偿价值评估的直接市场法和间接市场法包含多种方法，但由于标准不一，不同方法的评估存在较大差异，难以形成普遍认同。所以，实际运用中有效的方法是以量化—评估为基础，通过博弈—协商达成一致来确定补偿标准。博弈—协商法可以细分为投标博弈法、比较博弈法、无费用选择法、优先评价法和德尔菲法。

（一）投标博弈法

投标博弈法是在假设海洋生态系统遭到不同程度的破坏或者得到恢复的前提下，询问被调查者的支付或接受赔偿意愿，主要包括单次投标博弈和收敛投标博弈。单次投标博弈是先向被调查者介绍海洋生态系统受到的影响和保护的具体情况，然后询问被调查者能接受的最低补偿；或者是询问被调查者为了保护该海洋生态系统最高的支付意愿。与单次投标博弈不同的是，在收敛投标博弈中，被调查者无须回答具体支付或赔偿的数额，只需在询问是否愿意支付时回答是否，而调查者在此基础上不断调整给定的金额，得到被调查者可接受的补偿区间。

（二）比较博弈法

比较博弈法是要求被调查者在海洋生态系统服务功能和一定的货币金额中进行偏好选择。预先给定被调查者生态系统服务功能和价格的组合，询问其偏好，根据其反应，不断改变货币数量选项，直到被调查者认为选择海洋生态系统服务功能与选择相应的一定量的货币相同时为止，这样便可以得到被调查者对这一水平的生态系统服务的支付意愿。不断改变这一组合的货币数量，重复以上步骤，最终得到被调查者对不同水平的海洋生态系统服务功能的支付意愿，从而可以得到被调查者对边际服务水平的支付意愿。

（三）无费用选择法

无费用选择法又称成本选择法，多个补偿方案供被调查者进行选择，通过直接询问被调查者的方式，推测其支付意愿。例如，一个选择是海洋生态系统服务，另外的选择是一笔钱或者是其他可衡量商品。如果被调查者选择了海洋生态系统服务功能，那么放弃的那笔钱或其他商品就是被调查者对该项生态系统服务支付意愿的下限。

（四）优先评价法

优先评价法通过模拟完全竞争市场的机制，在预算约束条件下寻求个人效用的最大化，找到对无价的海洋生态系统服务的支付意愿或替代选择，来确定海洋生态系统服务功能的价值。优先评价法与无费用选择法存在相似之处，都是通过让被调查者在不同备选补偿方案中选择；不同点在于前者是将效用最大化理论与调查问卷的研究方法相结合来确定海洋生态系统服务功能的价格。

（五）德尔菲法

德尔菲法又被称为专家咨询法，在多次向专家询问的基础上，综合专家意见，最终得出确定结果的方法。首先用图、表等形式对专家咨询的意见进行分析，对差距较大的数据请专家解释。其次，将结果单独反馈给每个专家并请他们重新评定生态系统服务功能价值，从而得到新的校正值。经过几次校正之后，最后便可以得到专家的统一意见，得出海洋生态系统服务功能的价值。

第三节　海洋油气资源开发生态补偿的方式

生态补偿方式是补偿的实现形式，是指选择一种合适的方式来实现生态资源价值补偿，也就是解决"如何补偿"的问题。

一　资金补偿

资金补偿是指补偿者直接支付给受偿者资金的补偿方式，是最常见的补偿方式。对于解决受偿者的损失和资金筹集问题，既直接快捷又方便灵活，能有效协调生态环境经济利益。主要表现形式：海域使用金、海洋油气的税收、财政转移支付、补贴、贴息、优惠信贷、基金、保险金、加速折旧和赠款等，这些形式可根据具体的补偿情境和补偿对象综合使用。例如，海洋油气资源开发企业由于需要长期稳定占有使用特定海域来建筑和使用钻井、采油平台，因而向具有海域所有权的国家缴纳海域使用金就是一种资金补偿方式。《蓬莱 19 - 3 油田 1/3/8/9 区块综合调整项目的环评报告书》显示：对在施工过程中造成渔业资源的直接或间接损失，如针对海底铺设电缆对底栖生物的掩埋、挖沟所引起海水悬浮物过高等情形给予适当经济补偿，补偿额共 737 万元。

二 政策补偿

国家和地方政府在实施海洋油气资源开发的生态补偿时，可通过设定政策优惠和优先权，提供受偿者政策扶持、发展权利和发展机会的补偿。其优势是宏观上对受偿者的发展产生指引作用，尤其对落后的资源开发地区。主要表现形式：产业、金融、财税、投资、人才引进、技术创新等方面的政策优惠和优先发展权利。例如，政府推行行政和经济政策为由于海洋油气资源开发而受损和转产的渔民提供创业或再就业的政策优惠。

三 实物补偿

在海洋油气资源开发生态补偿的实施过程中，补偿者还要负责提供受偿者实际生活和生产所急需的生活和生产要素，帮助受偿者改善生活状况，提高生产能力。实物补偿有助于提高物资使用效率，影响生态环境。表现形式：提供物资、劳动力和土地使用权等。例如，对因海洋油气工程占地和海洋保护需要而搬迁的渔民提供住房和物资帮助。

四 自然补偿

自然补偿是指海洋油气开发者对面临破坏风险的海洋生态环境有义务进行预警和保护，对已经被破坏的海洋生态环境有义务进行修复和重建，将受损海洋生态环境修复到基线状态。这对受损的生态环境既是最直接也是最长远的补偿方式。例如，石油污染的生物修复技术是运用特定植物、动物或微生物对生态环境的高度适应性，发挥其新陈代谢作用，通过吸收、转化、吸附或富集来降低甚至清除污染物浓度，尽可能减少现场污染危害甚至使其无害化。这种自然补偿方式不仅比传统或现代的物理、化学修复方法的成本低而且无二次污染，但缺点表现为自然修复是一个漫长的恢复过程。

由于这种补偿需要长期的自然恢复过程，因此，实施中，海洋油气资源开发企业可以先在有第三方担保的前提下做出履行补偿义务的承诺，然后根据海洋生态损害的补救或修复计划，分阶段履行补偿义务。例如，在2011年康菲溢油的补偿方案中，康菲和中海油分别承诺投入1亿元和2.5亿元的海洋环境与生态保护基金，从事天然渔业资源的修复和养护，进行增殖放流、渔业资源的养护与管理的自然补偿。

五 技术补偿

术补偿是指一方面补偿者为受偿者或受损的生态环境区域提供无偿的信息咨询、技术培训、管理培训、高素质人才帮扶以提升受损区域的生产能力和发展机会；另一方面设立基金以加强对海洋生态环境的科研投入，为生态修复与建设提供指导。这种补偿方式的优点是相比于前面的"输血"型补偿，这是一种"造血"补偿，有助于解决该地区的可持续性生存发展问题。对于往往要放弃原有的生产方式，但又缺乏技术、信息而难以转产的受偿者来说，技术补偿应该是最有效的方式。例如，对于海洋油气资源开发溢油污染造成减产的渔民进行技术补偿，通过提供渔民转产培训机会，增强其转型就业的能力。2012年康菲溢油案中列支2.5亿元用于渔业资源环境调查监测评估和科研等方面的工作。

六 股权补偿

在海洋油气资源开发生态补偿的实施过程中，还可以根据实际情况采取股权置换的方式进行补偿，这也是一种补偿方式的创新。对于一些由于海洋油气开发项目的建设而丧失利用海洋获取发展机会权利的受偿者，可将其丧失的发展权利以折价入股的方式进行补偿。例如，原来在被占海域进行养殖活动的养殖业主将其养殖海域使用权折价之后置换成开发项目的对等股份。

总之，为使补偿方式的运用更具法律规范性，援引相关法律条文，结合海洋油气资源开发生态补偿的特点和实践，将海洋油气资源开发的生态补偿方式总结归纳见表 6 - 7：

表 6 - 7　　　　　　　海洋油气开发生态补偿的方式

补偿方式	表现形式	相应的法律条文
资金补偿	财政转移支付、税费、发行国债、设立专项基金、优惠信贷和贴息、生态环境保证金、加速折旧、环境污染责任保险	《环保法》第 31 条 《海洋环境保护法》第 12 条 《环保法》第 52 条
实物补偿	实际生活和生产急需的生活要素和生产要素，如物资、劳动力和房屋	
政策补偿	产权制度、规划制度、保护制度、产业发展、财税金融投资等政策支持和优惠	《环保法》第 22 条
自然补偿	海岸工程修复、人工栽培养殖、种苗放流增殖	《环保法》第 30 条
技术补偿	科技、高素质人员、管理、培训等，优先清洁生产工艺，对落后工艺和设备采取淘汰制度	《海洋环境保护法》第 13 条

资料来源：作者自制。

第四节　海洋油气资源开发生态补偿的手段

生态补偿手段是指生态补偿方式所使用的具体措施或技巧，也就是在生态补偿方式的基础上解决"怎么补偿"的问题。改变传统的以末端治理、命令控制、单一手段为特征的海洋油气资源开发生态补偿机制，必须逐步向现代的以源头治理、全程控制、经济激励、混合手段为特征的海洋油气资源开发生态补偿机制过渡，这是生态补偿机制创新的基本方向。海洋油气资源开发的生态补偿手段多种多样，通常归纳为政府补偿、市场补偿和社会补偿三大类。

一　政府补偿手段

政府补偿是指政府代表国家采取财政转移支付、税费、生态补偿专项基金和差异性区域政策等政府手段进行补偿。一方面，政府代表国家有义务对海洋资源和生态环境保护进行投入；另一方面，通过各种补偿手段协调不同利益主体间的生态利益关系。政府补偿在我国目前的生态补偿中占主导地位，具有启动方便、政策性强、目标明确等优势。

（一）财政转移支付

财政转移支付是政府间的财政资金转移或者财政平衡行为，基于各级政府间财政能力的差异性，为实现各地公共服务水平均等化而进行的一种制度。从内容上，生态补偿的财政转移支付分为财力性转移支付和专项转移支付。例如，加大生态补偿和保护的财政资金投入，设立生态补偿专项财政资金。从转移方式上，生态补偿的财政转移支付分为纵向转移支付、横向转移支付以及混合转移支付三种。生态补偿的纵向转移支付表现为国家对地方、上级政府对下级政府提供必要的生态补偿和生态保护建设资金；生态补偿的横向转移支付是协调跨区域间的生态利益，即财政资金在地方同级政府间从生态受益地区向生态保护或建设地区转移；生态补偿的混合转移支付是纵向和横向转移的混合使用。

（二）环境税费

环境税费是生态补偿的重要资金来源。环境税费是国家对有环境污染行为的单位和个人依法征收的税和费，其目的是减少环境污染行为、筹集环境保护资金、有效保护资源与环境。它包括环保税、资源税等主要生态税种以及与生态环境保护有关的税收优惠政策、补贴政策以及收费制度。将环境税费制度作为海洋油气资源开发生态补偿的手段，一方面有助于解决海洋油气资源开发的负外部性问题，将生态环境受损的社会成本内化到开发企业的经营成本中去；另一方面，通过征收环境税费，使海洋油气开发企业和消费者基于经济上的理性考虑，选择有利于生态环境保护的生产和消费方式，从而减少对海洋油气资源的过度开发利用和破坏。

（三）生态保证金

生态保证金是海洋油气开发企业为获得海洋油气资源勘探开发的

许可权和海域使用权许可证，需要把生态修复计划融入审批过程中，在管理部门预先缴存的环境污染保证金。海洋油气企业的开发活动完成后，对海洋环境的损害如果在规定的范围内，预缴的生态保证金可以归还；如果对海洋生态环境的损害超过规定范围，那么保证金就自动地被扣掉并纳入海洋生态治理修复的专项基金。生态保证金制度引导了海洋油气企业的环保行为，激励海洋油气企业以最有效的方式进行海洋生态修复与重建。

（四）差异性的区域政策

政府应根据海洋油气资源开发生态补偿区域的生态特征和实际情况，对补偿区域提供一些差异化的优惠政策，如税收减免、财政补贴、贷款优惠、政府采购等手段，引导海洋油气企业进行绿色开发和海洋生态环境治理修复行为。因为，"一刀切"式生态补偿的做法违背了海洋生态的地域性、污染的流动性和跨域性。海洋油气资源开发生态补偿涉及多方利益主体，关系错综复杂，地域性强，补偿标准依赖于多方主体的协商谈判，且补偿方式和手段也多种多样。

二　市场补偿手段

产权明晰的市场化生态补偿，可以反映利益相关主体的支付意愿，具有低成本、平等性、市场激励性的优势。市场化的生态补偿正处于探索阶段，包括以下形式。

（一）一对一的市场交易

利益相关者之间存在一一对应关系，通过协商谈判的方式达成补偿协议，根据补偿主体和补偿对象双方的"讨价还价"达成协议的补偿标准。尤其是海洋油气资源开发的生态补偿，在专业的补偿价值评估基础上，明确补偿标准，补偿主体和受偿主体以议价和协商谈判的方式实现双方意见和价格的统一。此外，由于海洋污染的跨域性，污染区域之间也可以进行一对一的市场交易。海洋油气资源开发生态补偿的排污权交易需要解决排放量的标准计量、合理定价和实时监督等问题。排放权交易具体分为项目交易和限额交易，排放权的项目交易主要是通过项目实施来获得减排凭证,在控制环境污染方面成效明显;在海洋油气资源开发生态补偿中限额交易的对象是海洋油气开发企业获得的排污配额,需要充分考虑我国海洋的承载力和可持续性,明确海洋油气资源的可开采极限和海洋生态环境污染的最大承受范围。

(二)生态标签

生态标签又称绿色标签、生态标记,通常是指授予绿色环保产品的特定标志、印章、象征等,以此向消费者说明该产品比普通同类产品具有更高的生态质量或者较低的环境污染。生态标签在欧洲发展并成熟,在海洋油气资源开发的生态补偿中可以借鉴。对于海洋油气资源绿色开发生产的高质量油品,在经过独立的第三方评估认证,确保产品符合环保标准后,产品可获得生态标签。生态标签不仅有助于帮助消费者选择更绿色环保的产品,而且作为一种市场化的生态补偿手段,提高了消费者对该绿色环保产品的忠诚度和满意度,提升了海洋油气开发企业的品牌形象与社会形象。

(三)绿色保险

绿色保险又称生态保险,也是在市场经济条件下进行生态补偿的一种手段。中国环保总局和中国保监会于 2007 年 12 月共同发布的《环境污染责任保险工作指导意见》指出,"以企业发生污染事故对第三者造成的损害依法应承担的赔偿责任为标的进行保险"。在污染事故出现后,环境污染责任保险不仅为企业及时进行生态补偿提供保障,而且为企业分散了风险。

三 社会补偿手段

社会补偿手段包括政府与社会资本的合作、依托社会组织融资设立的生态补偿基金以及国际组织提供的援助等。

(一)引入政府与社会资本合作模式(PPP)

运用市场机制吸引社会资本参与生态补偿和环境治理也是社会化生态补偿的一种手段。政府和社会资本合作模式简称 PPP 模式,通过特许经营、财税补贴、贷款优惠、奖励政策等手段,激励和引导社会资本投入生态环境保护、治理和修复过程中，构建生态环境保护的多元融资机制和公共治理机制。这种补偿手段不仅有助于拓宽生态补偿的资金渠道，吸收社会闲散资金，而且有助于缓解政府财政投入和生态补偿效率不高的困境。例如，海洋油气资源开发的经营格局已打破了过去的垄断，引入社会资本参与竞争，那么对于海洋油气资源开发的污染处理项目来说采用政府与社会资本的合作模式具有一定的优势。在主要引入社会资本的基础上，发挥政府的政策支持作用，健全生态补偿和环境治理 PPP 项目的政府补贴机制，进一步优化生态补偿和环境治理 PPP 项目的收费定价动态调节机制。

（二）社会化的生态补偿基金

社会化的生态补偿基金是通过吸引社会资本、社会公益环保组织的投资和国际环保组织的捐款而获得的专项基金。政府要鼓励、引导企业和社会公益环保组织投资生态补偿，相关企业和社会公益环保组织也要发挥自身主动性，积极为生态补偿贡献一份力量。同时，基层政府、相关企业和社会公益环保组织可以深入基层，发动民众为生态补偿捐款。另外，政府要加强与国际环保组织的对接，争取他们的捐款为我国的生态补偿注入国际力量。从企业、社会公益环保组织、民众和国际环保组织获得的款项而设立的生态补偿基金，应由专门的机构负责管理；对于生态补偿基金的各项用途，例如补偿受损者、补偿贡献者、生态损害评估、修复工程等所需费用的比例应有明确规定；资金的使用应有具体规范的程序，并向社会公开，接受社会监督，确保资金能够做到专款专用。

（三）国际援助

海洋生态环境建设具有很强的全局性和整体性，海洋和海洋污染流动甚至是跨国界的，所以海洋生态环境保护应是无国界或是国际合作。中国加入世贸组织后，海洋生态环境的保护和修复已受到世界多国共同关注，为此，可以充分利用政府间的环保援助资金。例如，综合利用世界银行、联合国能源投资组织提供的低息贷款，世界自然协会、大自然保护协会等国外非政府组织提供的援助资金，进行海洋生态环境的保护与建设，以拓宽生态补偿资金的多元化渠道。

总之，在具体的生态补偿实践中，应根据我国国情和海洋生态系统服务的公共性、流动性、跨域性和整体性特点，统筹协调，优化组合，运用"政府主导、市场运作、社会参与"的多元化生态补偿手段，达到生态保护的预期目标。

第五节　海洋油气资源开发生态补偿的流程

总结上述构成要素，海洋油气资源开发的生态补偿的流程可以分为以下四步，具体流程参见图 6 - 2。

第一步，结合海洋油气资源开发的特点和实际，明确海洋油气资源开发生态补偿的主体。不仅充分考虑主体的类型和权利义务，而且对补偿主体间的关系尤其是利益关系，区分不同类型进行利益关系的博弈分析，并提出相应的完善对策。

第二步，确定海洋油气资源开发的生态补偿标准。对于具体项目可以采取分情景分类型地进行海洋油气资源开发生态补偿的价值评估。一般而言，从大类上有两种确定方法：一是采用多种评估方法以海洋生态价值损失量为基础计算补偿价值，确定海洋油气资源开发的生态补偿标准；二是在补偿价值量化的基础之上通过博弈—协商的方法确定海洋油气资源开发的生态补偿标准。

第三步，运用多种生态补偿方式。确定补偿主体依据补偿标准进行补偿的实现方式，通过法律的规范，明确资金、政策、实物、技术和股权补偿的适用范围和作用边界。

第四步，充分发挥政府、市场和社会的协同作用，综合运用多元化的生态补偿手段。在补偿标准确定的基础上，根据海洋油气资源开发的特点和受损地的实际情况，进行海洋油气资源开发的生态补偿。

第六节　本章小结

本章通过深入分析海洋油气资源开发的生态补偿主体、补偿标准、补偿方式和手段等构成要素，揭示补偿主体间复杂的利益博弈关系和

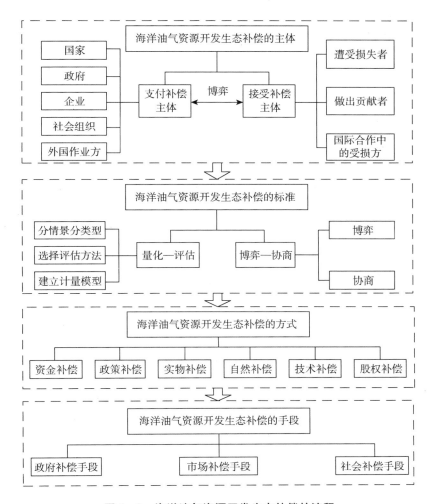

图 6 - 2 海洋油气资源开发生态补偿的流程

资料来源：作者自制。

构成要素之间的逻辑关系，确立海洋油气资源开发生态补偿机制的基本框架。具体结论有以下几点。

1. 明确海洋油气资源开发生态补偿的主体及其主体间复杂的利益关系是解决"谁补偿谁"的问题。首先，结合海洋油气资源开发国际合作的特性，明确了补偿主体与受偿主体。补偿主体有国家、政府、海洋油气资源开发企业、其他社会组织和外国作业方；受偿主体有因为海洋油气资源的开发而遭受损失者、为生态环境保护做出贡献者、海洋油气资源国际合作开发中的受损方。其次，揭示了补偿主体间的复杂利益关系。通过分类构建政府与海洋油气开发企业、海洋油气开发企业与当地居民、海洋油气开发企业的作业方和承包方的演化博弈模型，探讨博弈方的行为选择和演化稳定策略，以期为生态补偿提供建议和支持。

2. 确定海洋油气资源开发的生态补偿标准。确定补偿标准的两类方法分别是基于海洋生态价值损失量计算补偿价值和以补偿价值量化为基础进行博弈—协商。这两类方法又细分了很多具体方法，总结了这些具体方法的含义、内容、适用范围和优缺点。

3. 从政府、市场和社会的多重角度，明确了海洋油气资源开发生态补偿的多种补偿方式和手段，补偿方式是补偿的实现形式，补偿手段是在补偿方式运用的具体措施和技巧。

4. 在明确和深入分析补偿主体、标准、方式和手段等构成要素的基础上，厘清了要素间的逻辑关系，设计了一个完整的海洋油气资源开发生态补偿机制的流程。

第七章 海洋油气资源开发生态补偿机制的实施

虽然第六章明确了海洋油气资源开发生态补偿机制的诸要素及流程的设计，但在实践中，海洋油气资源开发生态补偿机制的实施面临诸多现实困境。为促进海洋油气资源合理开发的同时实现海洋生态环境的有效保护，本章旨在深入分析财政支持、市场运作、多元监管和法律保障方面的困境，并力求突破困境，提出我国海洋油气资源开发生态补偿机制的实施路径。

第一节 财政支持方面的实施困境与路径

一 财政支持方面的实施困境

（一）财政资金的生态补偿力度不充分

基于海洋油气资源开发污染事故的强破坏性，海洋生态补偿的资金需求不断增加，资金供需矛盾日益突出，资金缺口进一步扩大。因为，国家财政资金虽然是最主要的资金供给来源，但在实践中也面临以下困境。

1. 我国海洋油气税费体系未明确体现对生态环境损害的补偿

首先，我国海洋油气税费体系缺乏对生态环境损害补偿的税收规划。如图7–1所示，目前我国海洋油气资源开发涉及的税费有16种，其中与海洋油气资源开发直接相关的税费有资源税费及环保税费这两大类，具体包括资源税、环境保护税、矿业权占用费和石油特别收益金。与开发间接相关的有五类，分别是流转税、所得税、财产行为税、关税、其他税费。这些税费从内涵、立税宗旨、征收标准和归属方面，对资源耗减补偿的体现较多而对资源开发地生态环境损害的补偿鲜有涉及，只有海洋废弃物倾倒费略有体现，但补偿力度相对于治理和恢复生态损害的需求而言，微乎其微。现行税费体系中还没有专门以海洋生态补偿为宗旨的税种。例如，资源税是针对资源的级差收益而设立的；环保税是针对纳税人减少污染排放而设立；而海域使用金和船舶油污损害赔偿基金的征收项目又不包含海洋油气资源开发。海洋油气开发的日常开发和突发性溢油污染事故对生态环境损害的补偿缺乏具体且充分的税费体现，补偿力度滞后于补偿的现实需求。

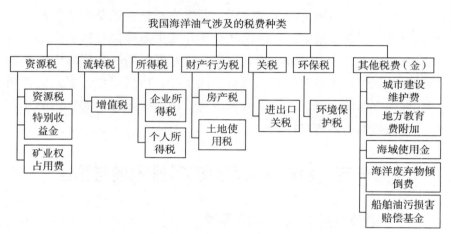

图 7 - 1   我国海洋油气资源涉及的税费种类

资料来源：作者自制。

表 7 - 1   我国海洋油气资源开发的主要税费

税费名称	税费含义与宗旨	征收标准	归属
资源税	以调节资源级差为目的，以资源有偿使用为理念，对矿产资源征税	原油、天然气的征收税率为6%，从价计征； 对稠油、高凝油和高含硫天然气资源税减征40%； 对三次采油资源税减征30%； 对低丰度油气田资源税暂时减征20%； 对深水油气田资源税减征30%	国家税务部门征收，地方税

续表

税费名称	税费含义与宗旨	征收标准	归属
环境保护税	为保护和改善环境，减少污染物排放，对生产过程中向环境排放的污染物征税	征收金额按照污染当量（水、大气污染物）、排放量（固体废物）或者分贝数（噪声）与税率的乘积计算，排放污染物低于国家规定标准有税收优惠政策，按月计算，按季缴纳	国家税务部门征收，地方税
矿业权占用费	为提高矿产资源的利用效率，将原来探（采）矿权使用费，整合为国家向矿业权所有人收取的占用费	根据矿产品价格变动情况和经济发展需要实行动态调整	中央与地方共享，比例为2∶8
矿业权出让收益	即探（采）矿权价款，是对所有通过国家拍卖、招标等方式出让矿产权，向矿产权所有人收取的出让收益	以规定限额为界将缴纳方式分为两种：低于限额时一次性缴纳，否则分期缴纳。分期缴纳的年度矿业权出让收益＝矿业权出让收益率×矿产品年度销售收入	收入由中央与地方共享，比例为4∶6，纳入一般公共预算管理
石油特别收益金	指国家对石油开采企业销售价格超过一定水平的国产原油所获得的超额收入按比例征收的收益金	起征点为65美元/桶，实行五级超额累进从价定率征收，征收比率为20%—40%，按月计算、按季缴纳	为中央非税收入，纳入财政预算

资料来源：作者自制。

其次，现行的海洋油气税费体系缺乏对环境破坏的防范与事前控制，在纳税环节的设计上体现为"末端治理"。海洋油气资源的运营过程大致包括"勘探开发—储备运输—加工炼造—弃置处理"这四个阶段，在企业"先破坏，后治理"的模式下，对资源环境损害的价值评估、生态补偿和修复都推延并集中到末端的"弃置处理"阶段，而缺乏对生态环境损害的事前防范和控制。这种"末端治理"战略所引发的"逆向选择"，使资源短缺和生态破坏日益加剧，并且由于海洋油气资源的不可再生性和某些生态环境破坏的不可逆性，"亡羊补牢，为时已晚"。

最后，资源税的税率偏低，不能充分补偿海洋油气资源的耗减成本及生态损害成本。自2014年起，根据国务院要求，将矿产资源补偿费费率降为零，改变了部分税费功能重合的状况，强化了资源税的作用，陆上油气和海洋油气统一资源税率，将原油、天然气的资源税税率由5%提升至6%，但依然明显低于国际水平。国际上大部分开征资源税的国家，其税率在10%以上，如英国的资源税税率是12.5%，俄罗斯的资源税税率是16.5%，美国的境内外资源税税率平均值是14.6%。我国油气资源税税率设定过低，调节作用发挥受限，仅部分体现了油气资源优劣的级差收益，没有反映油气资源开发的生态成本和对环境的负外部性影响，也不利于油气资源的合理开发和生态环境的有效保护。

2. 海洋油气资源开发的生态补偿财政转移支付不完善

在海洋油气资源方面能体现生态补偿的财税政策不仅数量少，其生态补偿的财政转移支付制度同样也不完善。我国目前的生态补偿主要以纵向转移支付为主，海洋污染的流动性和跨域性急需生态补偿的横向转移支付，然而横向转移支付却较少使用。目前只有少数省份如广东省、浙江省率先在本省范围内开展了海洋生态补偿的横向转移支付，并且处于初期的探索阶段。

纵向财政转移支付制度的问题主要表现为：一是纵向转移支付的资金规模较难确定、稳定性较差，而且拨付期滞后，尤其满足不了突发性海洋溢油事故的即期生态补偿需求。因为中央向地方财政转移支付的规模一般取决于当年中央财政预算的执行情况，而资金拨付需要等到第二年办理决算时才实行。二是纵向转移支付过程中层级管理较多、部门利益化现象会消耗掉一部分资金，导致实际补偿资金的缩水，补偿效果不佳。三是虽然纵向转移支付的资金总量在逐步增加，但从事海洋生态补偿的资金量仍然相对偏小。资金总量未体现出区域在经济与生态上的分工，以及基于这种区域分工的生态服务的市场交换关系。

生态补偿横向转移支付的不成熟，是造成我国海洋油气资源开发生态补偿区域间利益分配不均衡的主要原因。由于海洋生态系统的特殊属性，容易发生海洋油气资源开发的周边区域没有支付应当支付的成本或得到合理的补偿，所以应完善区域间的横向转移支付制度。海洋油气资源开发生态补偿的区域间横向转移支付存在诸多阻碍因素：第一，补偿成本的分担和补偿标准的明确，既有评估技术的障碍，更有地方利益博弈的阻力。不同区域补偿成本和标准的量化，其补偿价值评估的复杂性和技术难度较大，加之地方利益的保护与博弈导致责任难明确、成本难细化。海洋建设利益容易共享，但生态破坏成本难以共担，"搭便车"现象时时存在。第二，横向转移支付在我国仍面临较多的区域制度障碍，也在一定程度上限制了区域间补偿责任的承担。基于海洋油气资源开发过程中海洋污染的流动性和跨域性，区域间生态补偿的责任难界定，不同区域基于自身利益的保护，导致责任分担和协商难。第三，在横向转移支付方面，中央层面下发的政策文件多为"意见稿"形式，法律效力不足。尤其缺乏横向转移支付的法律规范以及配套的实施细则、司法解释，可操作性较差。以上因素导致横向转移支付的较少使用和缓慢发展，区域间有效的协商平台和机制被阻断，影响了跨域资源配置效率和利益的协调。

3. 海洋油气开发生态补偿的补贴制度不健全，激励性不足

相比于陆地油气开采，海洋油气开采的难度、污染性和工程耗资更大，但财税支持方面缺乏充分的资金鼓励和政策激励去引导开采难度更大、污染性更广的海洋油气资源企业加强对生态资源环境成本的补偿。一方面，2014年最新的资源税改革虽然对海洋油气田开采"按实物量计算缴纳资源税，以该油气田开采的原油、天然气扣除作业用量和损耗量之后的原油、天然气产量作为课税数量"，但没有规定对资源耗减补偿的具体方案，既没有规定税收返还油区的比例，也没有规定税收返还资金的用途。另一方面，石油特别收益金为非税收入，纳入中央财政预算，限制了地方政府对上游石油利益的支配，不能实现上游税费对下游的补贴作用。因此，我国的成品油价格未能充分体现石油开采的外部性成本，上游的油气资源耗减补偿成本和生态环境损害补偿成本均未能在终端消费中体现。因此，对于开采难度大，污染风险高的深海油气开采，在一定程度上更需要财税政策的激励与支

持，但是现行的财税政策对于海洋油气资源绿色开发的激励不足。

（二）补偿资金征收困难

每年用于生态环境治理和修复的生态补偿资金实际征收与应缴费用方面存在较大差距，我国在征缴海洋油气资源开发生态补偿资金的过程中存在以下问题。

第一，部分海洋油气资源开发企业的生态补偿动机不足，意识不强。不仅缺乏资金征缴的主动性，甚至采取各种措施予以规避；有些企业基于逐利性的驱使，当补偿税费会占据较大比例的企业利润时，经过权衡，企业可能会放弃相关项目。

第二，补偿成本的增加会加大地方政府间税收执法的竞次竞争。补偿税和费的征缴不仅导致开发企业成本的提升，关键是会触及利益分配。基于地方利益的保护，为了争夺流动性税基，缺乏法定税率制定权的地方政府之间会在税收执法力度方面展开竞次竞争。地方政府对税法的执行不力是企业大范围避税的主要原因，如擅自扩大优惠政策的执行范围、变通政策违规减免税等。降低对税收的执法程度，如主动放松税收审计和税收督察力度，这种方法比较隐蔽，较难被上级政府监管。地方政府间不断降低税收执法力度在事实上会增加企业的避税和逃税行为，边际上会诱发更多的企业避税。

第三，差别化征收的内容还应细化。虽然财政部和国家税务总局发布的《关于调整原油、天然气资源税有关政策的通知》（财税〔2014〕73号）中明确规定"对深水油气田资源税减征30%，对稠油、高凝油和高含硫天然气资源税减征40%，对三次采油资源税减征30%"，对深水（深水>300米）、油品（稠油、高凝油、高含硫天然气）、技术投入（三次采油）等都纳入了差别化征收范畴，但对于海洋油气的生产特点和开采阶段缺乏差别化征收的考虑。

（三）资金运用效率较低

第一，没有明确规定补偿税费征收后的用途，不利于专款专用。法律明确规定了海洋油气资源税、矿产资源补偿费如何征收，但未在法律中明确规定这些补偿税费得生态环境治理与修复用途，"管收不管用"，需要加强专款专用，集中补偿资金的使用投向。

第二，资金运用不及时。突发性海洋溢油事故发生后，无论是应急处理还是日后的生态修复都需要及时的生态补偿资金投入。因为溢油事故的应急处理和海洋生态修复都有"黄金时期"，若严重滞后于应急处理期和修复周期，不仅造成的损失会加大，而且对资金的需求也更多，补偿资金的运用效率和效果会因此明显降低。

第三，资金运用缺乏统一的归口管理，多部门间协调成本较高，降低了补偿资金的运用效率。在我国现有的管理体制下，环保税、资源税属于地方税，纳入税务部门管理；矿业权占用费属于中央与地方的共享税，按2∶8比例分成；石油特别收益金为中央非税收入，纳入财政预算管理；矿区使用费海洋方面的收入归中央，陆地方面的收入归地方。不同税费种类，错综复杂的管理方式，造成难以统筹安排、统一监管等问题。

二 财政支持方面的实施路径

（一）完善补偿资金的筹集制度，加大生态补偿力度

1. 海洋油气税费体系应充分体现对生态环境损害的补偿

首先，希望未来通过税费改革，对税费体系能做一些体现生态环境损害补偿的税收规划。在种类设定、立税宗旨、内容、征收标准、分配和归属方面能适当体现对生态环境损害的补偿，充分发挥税收杠杆对海洋油气资源和海洋生态环境的保护作用。海洋油气资源的不可再生性和海洋生态环境的严峻形势迫切需要海洋油气产业由"掠夺式开发"转向"绿色开发"。在此背景下，有关的环保税、油气资源税的制度设计不仅要充分体现资源本身的价值，还应补偿海洋油气资源开发对环境的负外部性影响，实现外部成本的内在化。通过环保税、资源税协调人与资源、环境的关系，促进资源的合理开发和环境的有效保护，实现可持续发展是资源税和环保税改革的终极目标。

其次，将海洋油气资源的纳税环节提前至海洋油气资源的开采或使用阶段。对海洋资源环境影响的评估、补偿和保护工作应在海洋油气资源开采或使用阶段就开始考虑。引入环境影响的预警机制，有利

于事前控制和对环境损害的风险防范，摒弃"末端治理"，加强"源头严防"，做到"未雨绸缪，防患于未然"。

最后，海洋油气资源的补偿税率或费率应考虑资源耗减和生态环境损害两类成本。一方面，我国应加强核算海洋油气资源开发造成的资源损失成本和生态环境损害这两类成本，不仅要提取资源耗减补偿金，用于补偿资源自身的耗减成本，协调资源消费所带来的代际不公；更应从长远角度，提取一定比例的生态环境补偿基金，用以补偿生态环境的损害成本，促进生态环境的治理与修复。另一方面，海洋油气资源税率不宜过低，海洋油气资源开发大多是国际合作开发，我国的资源税率明显低于国际水平，还有一定的提升空间。因为海洋油气资源属于不可再生资源，稀缺资源和不可再生资源的可持续发展价值较高，应通过设定较高的资源税率体现其可持续发展价值。从定量的角度，可持续发展价值是一个根据补偿所需要的时间、物资、资金和技术等要素的虚拟量来预测的成本。

2. 加大财政转移支付的力度

一方面，健全海洋油气资源开发生态补偿的纵向转移支付制度。一是明确直接用于生态补偿的财政转移支付比例，及时拨付，增强中央对地方财政转移支付的稳定性和时效性，加大中央对地方的转移支付力度，提升海洋油气资源开发生态补偿的公共支出效率。二是简化烦琐的拨付流程，减少冗余的层级。以此降低资金拨付过程中的管理成本，提高实际到位资金的额度，有效聚合"中央—省—市—县"四级政府对生态补偿财政资金的总投入。三是加大纵向转移支付在海洋生态补偿方面的投入，提高生态环境保护专项资金的总额度，明确重点补偿对象及项目。

另一方面，抓紧完善海洋油气资源开发生态补偿的横向转移支付制度。海洋油气开发的合作性、海洋污染的流动性和海洋油气资源开发生态补偿的跨域性特点，亟须横向转移支付对生态补偿的支撑。第一，完善海洋油气资源开发生态补偿的价值评估技术，量化区域间生态补偿的成本负担和补偿标准。在调查海洋生态价值损失的基础上，运用经济模型及可行的评估方法来计算海洋油气资源开发的生态补偿价值。补偿标准的确定需要多部门、多区域的协调合作，形成合理的补偿标准区间，补偿标准的下限不低于实际海洋生态补偿中需要的资金，上限不至于对海洋油气资源开发企业造成过高的成本负担。第二，应充分考虑到海洋污染的特征和保护海洋生态完整性的需求，本着责任共担的原则，对跨界、跨区污染导致的海洋生态补偿权限及责任进行明确划分，建立区域间的协商谈判机制。第三，健全横向转移支付的法律规范以及配套的实施细则、司法解释，总结和借鉴横向转移支付的有益经验，将"意见稿"上升为法律层级较高的法律规范。第四，区域间生态转移支付资金可由海洋油气资源开发的获益地政府向利益相关的同级政府支付，支付比例应充分考虑生态效益外溢的程度及其他因素，形成专项的横向生态补偿转移支付基金。

3. 完善海洋油气资源开发生态补偿的财税补贴制度和激励策略

第一，制定完善的财税补贴制度，实行差异化的税收减免和返还的优惠政策。差异化体现为以下方面：一是对海洋油气资源补偿费征缴和减免时，要根据海洋油气开采的难易程度差别化征收。开采难易因钻井的海水深度和海洋油气田勘探开发的阶段而不同。二是对于回采率高、综合利用率高和开采难度大的海洋油区，采取低税甚至税收减免的优惠政策，有利于调动海洋油气开发企业开采海上边际油田和高难度油田的积极性，挖掘我国海洋油气资源绿色开发的潜力。

第二，多方位发挥财政补贴的激励作用，对生态环境保护做出贡献的地区、相关部门和海洋油气资源开发企业进行激励。对海洋油气资源开发过程中高污染、高能耗的项目或企业实施重税，将多征收的资金用于向海洋油气资源开发的生态保护者和贡献者发放财政补贴，给予一定的生态补偿奖励；对生产海油生态环保产品，发展海油生态产业链，注重节能减排和循环利用的海洋油气开发企业，给予税收减免、价格补贴、财政贴息等政策支持；对海洋油气产业的节能减排降耗指标进行评估，对生态保护效果显著的地区和部门给予奖励。通过激励机制提高多元主体参与生态补偿和环境保护的积极性和主动性。

（二）改善补偿资金的征收与管理制度

第一，以差别化征收的方式促进海洋油气补偿税费的科学征收。

通过差异化征收、减免措施的激励，为海洋油气资源开发企业的生态补偿提供动力。建议将海洋油气的高风险、高投入、高科技生产特点和前、中、后不同的生产阶段也纳入差别化征收的范畴。增加差别化征收的政策规定，明确适用情形和具体的征缴、减免措施。

第二，细化补偿资金的管理制度。资金管理制度力求全面细致，具有前瞻性和可执行性。对生态补偿的财政资金进行"预算—分配—使用"的全过程分类监管。在生态关系密切的同级政府间建立生态转移支付基金。对生态补偿基金的使用加强考核与监督，主管机构的监管和第三方专业审计机构的监管相结合，保证资金的专款专用。

（三）提升补偿资金的运用效率和效果

第一，补偿资金做到专款专用，重点倾斜。一方面，专款专用，将专门的海洋油气资源开发的生态补偿资金集中投入日常排污、海洋溢油事故处理和海洋生态修复工程项目中。另一方面，重点倾斜，加大对海洋生态系统建设和保护者的补偿力度，激励正面行为；增加对海洋油气资源开发的源头保护和事前预防环节的生态补偿投入，源头预防甚于末端治理。

第二，提高补偿资金的时效性和运用效率。针对溢油事故的突发性、快速蔓延性和高危害性，简化补偿资金的拨付流程，设置快速的绿色通道，建立海洋溢油事故应急处理和后期修复的专项补偿基金。针对具体的使用项目向相关部门提交使用报告，确保每一笔资金的使用规范，提高转移支付资金的使用效率。

第三，统一归口管理，集约利用生态补偿资金。对于海洋油气资源开发的生态补偿资金投入，可以统一归口到专门的生态补偿职能管理机构，由其统筹规划，集约使用。缓解多头管理和重复补偿造成的有限资金的低劣配置和浪费。

第四，健全生态补偿资金运用的跟踪评价机制，加强全程监管。完善生态补偿资金的申报—审批—使用—反馈的全程监管机制。根据反馈结果，及时、动态地调整补偿计划。除了加强政府审计系统对补偿资金使用的监管外，还应当依托多种媒体渠道和网络信息平台，对海洋油气资源开发生态补偿资金的预算、征收、管理、使用情况进行定期公示，充分给予公众知情权、监督权和质询权，调动公众监督资金运用的积极性。

第二节　市场运作方面的实施困境与路径

一　市场运作方面的实施困境

判定生态补偿的市场运作程度，主要看以下标准：第一，生态补偿主体呈现多元化，市场主体的加入弥补了政府作为单一主体的缺陷。海洋油气资源的利益相关者直接参与其中，更能体现补偿结果的自愿性、公平性，具有社会合理性。第二，选择多样化的市场补偿方式，多渠道地筹集资金。按照政府主导、市场运作的经营管理模式，建立多元化、多形式、多渠道的融资机制。第三，市场运作以价格机制为引导，利益相关者可以协商生态补偿的价格和方式，弥补了政府补偿的强制性和固化性缺陷，使补偿更具有经济合理性。对照此判定标准，分析发现我国海洋油气资源开发生态补偿的市场运作主要面临以下困境。

（一）生态补偿交易主体多元化格局未形成

我国海洋油气资源开发的生态补偿基本都是以政府行政主导的方式进行。在山东、浙江等省份，海洋油气资源开发的生态补偿较多在海洋、海事、环保等部门的主导下，由损害者向受损者进行补偿。虽然这种政府主导的补偿能使海洋生态状况有所改善，但政府主导可能会造成补偿强烈体现政策制定者的意志，而利益相关者参与不充分，尤其在实践中受损者一般为弱势群体，补偿主体和补偿对象的地位不平等，直接导致补偿的不公平。若长期缺乏相关利益主体的参与，还会造成各责任主体的实际缺位。如果行政干预过度，还可能导致补偿在实践中发生变异或远离生态补偿的初衷，演变为单纯的行政收费和生态政治需求，进而引发环境保护的"道德风险"和"逆向选择"，不利于海洋生态环境的保护。例如，近年来山东半岛海域溢油污染事故呈下降趋势，但单次事故的溢油量在上升，对海洋生态污染的破坏性在加大，山东省海上油田溢油损害的生态补偿有时会陷入"谁清污，谁吃亏""谁受害，谁倒霉"的怪圈，海洋油气资源开发的生态补偿在现实中难以进行公平有效的利益分配。

（二）生态补偿的方式和融资渠道比较单一

我国海洋油气资源开发的生态补偿资金主要来源于政府的公共财政投入，主要依靠税费、财政转移支付和补贴这些政府手段。我国海洋油气资源开发的生态补偿主要是政府主导，以具有强制性、宏观性的财税手段解决，企业投入、市场融资、社会捐赠等其他渠道较少使用，一对一交易、排污权交易和生态标签等市场交易体系未形成正式的制度安排，仍处于摸索阶段，市场议价和市场交易难以有效地发挥作用。长期以来，单纯依靠有限的财政投入并不能实现海洋生态系统的恢复和健康发展。

（三）生态补偿交易市场的发展阻力较大

生态补偿的市场化交易是一项复杂工程，现阶段我国市场化交易依然运用得比较少的原因有以下几个方面，这些方面阻滞了生态补偿交易市场的发展。一是我国环境产权交易市场的建立、运营需要配套的软硬件环境，要较长时间才能形成。理论和实务界对环境产权的初始分配标准和交易的主客体、交易方式和程序、交易的跨区域协调等问题依然处于摸索阶段，没有现成路径可遵循。二是海洋油气资源开发的生态补偿价值评估难题，交易价值难以科学计量。一方面，海洋生态系统服务的价值实现方面，由于异地实现性和局地依赖性特点，需要明确其价值实现的途径和过程。另一方面，海洋生态系统服务价值评估的精确度较难实现。海洋生态系统服务的评估理论和方法尚未形成科学体系，对评估的准确性造成影响。此外，评估参数的选择和研究者对海洋生态系统服务认识上的差异等原因，造成了评估的误差。三是交易成本的确定高度复杂。前期的调查设计和预测，既要考虑诸多影响因素，又要考虑样本的代表性；调查中要征求受访者的意见，必要时还要想办法说服受访者仔细检查自己的财务记录并提供准确信息，以及对信息的真伪进行甄别。除了实地的调查访谈外，还应收集、整理和分析交易过程中庞杂的交易数据，而且有些数据和信息是隐性的，需要深度挖掘。有些特殊情景，还需要划分出来进行专门研究。四是在交易价值和成本确定的基础上，交易主客体还需要通过博弈——协商，这种谈判往往进行几轮，而非一蹴而就。

二　市场运作方面的实施路径

推进生态补偿的市场运作是我国海洋油气资源开发生态补偿的重要发展方向，引导生态补偿主体在一定补偿标准的基础上，通过自愿、平等的市场交易和谈判协商实现合理的利益分配和责任承担。从一些发达国家的经验来看，各国也都通过市场化运作来推动海洋油气资源开发生态补偿的进程，保障海洋油气资源开发生态补偿资金支付的长期性和有效性。为缓解市场运作的困境，推进海洋油气资源开发生态补偿的市场化运作需从市场交易、市场融资、市场化的奖惩和市场运作的保障四个方面来努力。

（一）推进市场交易机制

1. 完善我国海洋油气资源产权制度是市场交易的前提

我国海洋油气资源所有权归属国家，可以通过改变管理权和使用权的方式来推进补偿工作，目前我国相关法律规定海洋矿产资源的采矿权和探矿权可以转让，但同时要求不以营利为目的，这就使真正具有经济意义的转让无法存在。政府可以将海洋油气资源的经营权和使用权交给海洋油气企业，打破"公有—公用—公营"的模式，让所有权、经营权、使用权三权分立，引入市场竞争等手段。当然，推进海洋油气资源开发生态补偿的市场化运作并不意味着完全摒弃政府的主导地位，而是应当建立政府与市场相结合的海洋油气资源开发生态补偿模式，政府手段与市场手段相互协调、互为补充，实现海洋生态环境的可持续发展。

2. 建立海洋油气生态损害价值评估制度是市场交易的基础

建立海洋油气生态损害价值评估制度，明确交易价值是市场化运作的前提。准确的生态损害价值评估是市场交易的前提。一是要建立海洋油气生态损害价值评估机构及海洋油气生态补偿价值评估的资质审核制度，评估机构可以由全国各地海洋油气专业科研机构中的专家兼职组成，这样既节约了生态补偿的成本，又进一步提高了补偿的可操作性。二是通过发展海洋油污的跟踪检测技术、遥感技术和海洋地理信息系统，构建海洋油气资源开发的生态补偿技术体系。三是完善海洋生态系统服务的功能分类、补偿价值评估的指标体系和价值核算制度，科学地测定海洋油气资源开发的日常生态损害和突发溢油事故中的生态损害范围以及生态建设的受益范围，合理运用生态补偿资金。

3. 价格协商机制的形成是市场交易的关键

价格协商机制的形成可以有效降低补偿过程中诸多因素造成的不确定性影响，从而能够更好地满足利益相关者的利益分配需求。

供求连接着各类利益相关者，推进海洋油气资源开发生态补偿的市场化交易，应在海洋生态系统服务价值市场化的基础上明确界定供需双方。供给方需提供海洋油气资源开发生态补偿的利益分配方案，生态系统服务的修复和环境治理应该是补偿的最终目标；需求方的立场、偏好以及对生态补偿方案的认同度是补偿能否顺利进行的关键。海洋油气资源开发生态补偿的市场交易过程中，在政府的引导或配合下，可以考虑前文所提到的多种价格博弈—协商方法，通过谈判协商方式实现补偿主体和补偿对象对补偿价格和意愿的统一。

4. "排污权交易"制度是市场交易的重要制度

排污权交易是以市场为基础的制度设计，其实质是通过海洋污染权的交易实现对海洋生态资源所有者和企业环保行为的补偿。海洋是典型的公共资源，沿海国家对所属海域及资源具有所有权，向海洋排放或倾倒污染物的经济行为是对海洋生态资源的损害，必须付出相应的经济代价，政府代表国家作为海洋生态资源的拥有者通过排污权的有偿使用和交易获得补偿。具体看来，政府部门在明确一定区域内海洋环境质量目标和海洋环境容量的基础上，测定和推算出污染物的最大允许排放量，将其分割成若干的排污权，通过拍卖、招标等方式将一定的排污权出售及分配给海洋资源的利用者，并且建立排污权交易市场，允许这种权利能够合法地自由买卖。获得排污权的经济主体可以进行一定量的污染物的排放，并根据排放需求进行市场交易。排污权交易制度，一方面能够实现海洋资源利用者的污染付费，使政府获得一定的生态补偿；另一方面能够控制海洋资源利用者污染物的排放总量，并使环保企业通过出售剩余排污权获得经济回报，对于激发企业环保积极性、抑制海洋污染物的排放、改善海洋生态环境具有重要意义。

（二）完善市场融资机制

目前，生态补偿的多元化市场融资正处于探索阶段，需要不断完善。政府、企业、社会组织和个人多主体的共同参与，拓宽了海洋油气资源开发生态补偿的融资渠道。除了传统的财政支持外，还应以金融为杠杆积聚社会团体、民间资本和企业投资的力量来扩充资金来源，并加强与国际环保组织的合作。具体而言：一是在金融方面，打造蓝色金融聚集带，提升信贷、证券、保险、基金的融资效率。对有利于海洋生态环保的项目和对海洋生态保护做出贡献的企事业单位、社会团体及个人推行优惠贷款，鼓励和支持民间资本和商业性金融积极参与海洋生态建设，将海洋金融、国家海洋信托基金、保险运用到海洋生态补偿中，并逐步推出蓝色金融理财产品，吸引社会闲散资金和民间资本来壮大海洋生态补偿的资金力量。二是加强与国际环保组织的合作，寻求国际基金如全球环境基金和世界自然基金的资金支持。海洋油气开发相当一部分是中外合作开发，因此，很有必要加强海洋油气产业的对外合作交流，争取国际性的金融机构的优惠贷款和社会捐赠。发挥多元主体多种融资方式的合力，共同推进海洋油气资源开发的生态补偿工作，具体可考虑以下几种融资方式。

1. 培育和发展海洋油气产业生态资本市场

加强中国生态资本市场运行体系建设，推动具有竞争和比较优势的海洋生态环保企业的上市，提高海洋生态环保企业的资金流通性和融资能力。利用法律和政策对生态环保的支持和倾斜，发行海洋生态保护债券，促进社会资金流向海洋生态环境治理和保护。

2. 发行海洋生态彩票

海洋生态彩票是一种重要的环保融资手段，融集的资金不仅可以直接用于海洋油气产业的生态建设，并且可以为海洋溢油等突发性事故提供稳定的风险基金。海洋生态彩票公众易于接受，社会阻力小，能够吸引个人及社会组织对海洋油气开发生态建设资金的投入，集中全体社会成员的力量促进海洋生态环境的保护和建设。

3. 推广优惠信贷

在保证信贷安全的基础上，采用信贷与海洋环境保护挂钩的方式，政府对于海洋生态环境的环保行为提供政策性担保，向海洋油气资源开发企业的绿色开发行为和项目提供优惠利率的贷款，吸纳个人或小规模企业的参与。通过优惠信贷的差异化利率引导资金流向有利于海洋环境保护的产业、企业和项目，缓解生态建设的资金压力，提高海洋生态环境保护的效率。

（三）启动市场化的奖惩机制

1. 奖励机制

对于加强海洋生态建设的企业、机构和个人进行一定程度的生态补偿奖励。首先，通过税收优惠、环保补贴、生态认证等市场经济手段对于主动开展技术创新、生产节能环保产品、进行绿色开发的海洋油气企业给予政策和资金方面的奖励。其次，对于贯彻国家绿色发展理念，推行绿色 GDP，在加强企业环保能力建设上取得一定成效的政府部门、组织和个人进行奖励，发放一定的环保津贴和奖金，用激励的方式推动决策者、参与者的环保倾向。海洋油气开发生态补偿的奖励机制能够引导各方主体的环保偏好，充分发挥多元主体共同保护海洋生态环境的积极性。

2. 生态补偿处罚与理赔机制

加强对海洋油气开发企业的生态补偿评估和规划。一是监督机构通过评估和核查海洋油气企业的生态补偿进展情况，促进生态补偿计划的及时调整。二是监督机构可随机抽查和常规检查相结合，对生态补偿资金的使用过程和使用效果等情况及时掌握，查漏纠偏。三是对具有滥用生态补偿政策、以权谋私等行为的政府及其工作人员进行问责，不得提拔使用或者转任重要职务；对违反国家环保政策的企业进行合理的处罚。政府及相关部门按照相关规定，依靠强制力量确保海洋生态损害补偿金的缴纳和落实。对未能按期完成生态补偿、生态修复的企业及逃避生态建设责任的企业，按照生态环境损害程度进行经济和行政的双重处罚，情节特别严重的还负有刑事责任。

（四）健全市场运作的保障机制

首先，推进油气行业的市场化改革。通过矿权改革建立油气上游市场，引入更多市场主体，培育资源市场，开放生产要素市场，使资源资本化、生态资本化。政府控制的矿产资源定价应充分考虑环境因素。其次，搭建数据共享和信息沟通平台。市场化的顺利运转有赖于对市场价格的掌握、市场经济形势的预测和国家经济政策的把控，畅通的信息数据交流是推动生态补偿市场化运作的基础，必须加强政府企业的信息公开和交流，搭建共享和沟通平台。最后，加强配套的市场运作法律法规和政策建设，确保生态补偿市场运作的规范性。通过法律明确生态补偿市场参与主体的地位、权限和责任；通过法律来规范多样化的生态补偿方式和手段的作用边界；抓紧健全各项配套制度，并在时机成熟时上升为法律规范，为市场的有序运作保驾护航。

第三节　多元监管方面的实施困境与路径

一　多元监管方面的实施困境

政府、企业、公众构成了海洋油气资源开发生态补偿的多元监管主体。多元监管既是多元主体间的权力、权利和资本的较量，也是不同主体利益博弈和理性选择的过程。多元主体之间的矛盾冲突与互动合作并存，存在复杂微妙的关系，如图 7-2 所示。

海洋油气资源开发生态补偿的多元监管中，中央政府从宏观治理的角度，以补偿效果为目标进行监管，然而监管的实际执行中，地方政府和海洋油气资源开发企业往往以自身利益最大化为目的采取行动，公众参与监管又深受政府和企业的约束。多元主体相互影响、相互制约的关系使各主体行为难以预测，提高了补偿监管的难度和复杂性，海洋油气资源开发生态补偿的多元监管在主体参与、沟通协调和制度保障等方面面临困境。

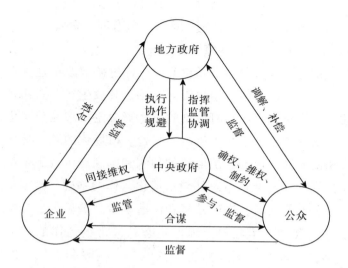

图7-2 海洋油气资源开发生态补偿的多元监管主体间的关系

资料来源：作者自制。

（一）监管主体参与不足，难以发挥多元监管的合力

海洋油气资源开发所产生的生态环境污染具有不可预测性、污染传播速度快、涉及面广、危害严重的特点。政府单一主体的监管往往捉襟见肘，在规范政府监管的基础上，亟须释放企业和公众的力量，形成多元主体的监管合力。现阶段虽然政府、企业、社会公众参与生态补偿的监管，但是监管合力发挥不够。各主体之间利益和行为的矛盾性，导致在海洋油气资源开发尤其是重大海洋溢油事故的补偿监管过程中多元主体参与不足，难以发挥多元监管的合力。

1. 地方政府监管不足

第一，新组建的监管部门的权责有待细分和落实。2018年3月17日，十三届全国人大一次会议审议通过《国务院机构改革方案》，新组建了自然资源部和生态环境部，海洋油气污染生态补偿监管机构也发生了相应的变动。一方面，要明确划分新组建的监管部门的权责边界。在环境保护中，自然资源部具有"生态保护修复"职责，强调在自然资源开发利用中生态系统的保护修复和综合治理，生态环境部具有"加强环境污染治理"职责，强调对环境污染的监督、执法和治理,体现政府在环境污染治理中的责任和义务,两者之间在管理上有一定的冲突,需要找到各自恰当的边界。另一方面,新组建的监管机构权责划分应细化落实。从机构设置上,自然资源部和生态环境部的划分,做到了决策者和执行者、执行者和监督者的分离。从权责上,海洋生态补偿监管的主要职责统一整合到自然资源部和生态环境部这两个部门,监管思路由部门分散监管转向系统综合管理。在此背景下,类似 2011 年渤海康菲溢油事故和 2018 年"桑吉"号事故处理中的政出多门现象会有所减少,但是海洋溢油污染具有突发性,往往同时涉及资源开发、环境保护、涉外执法等问题,容易牵扯到自然资源部、生态环境部、交通运输部、应急管理部及相应的地方政府部门内部的权责界定问题。同时,机构改革方案也指出,由于海洋的特殊性,海洋生态补偿监管仍有可能保持分类型监管的格局,监管部门权责细分不可避免。

第二,监管方式有待改进,源头监管亟须加强。海洋油气开发导致的海洋污染具有流动性、跨域性、系统性,造成的生态环境损害更加难以控制甚至不可逆。因此,必须坚持更严格的监管标准,以预防保护为主要目的,从源头上防范海洋油气资源开发的生态损害。目前,《海洋环境保护法》第六章、第八章对海洋油气开发和船舶溢油损害处理进行了规定,但是以事后处理为主,预防性和前瞻性的监管有待加强。海洋具有流动性和连通性,石油污染会随季风洋流等扩展到其他海域,进而影响大范围的海洋动植物及整个海洋生态系统,危害大且控制困难,事前预防,加强源头监管是根本之策。

第三,监管成本亟须降低。在海洋油气资源开发生态补偿的监管过程中,常常出现"违规补偿行为增多—实质性监管次数增加—违规补偿行为减少—实质性监管次数减少—违规补偿行为增多"这种循环往复的怪圈。这种怪圈现象的实质是海洋油气资源开发企业的正常收益及违规补偿的额外收益、开发者所需支付的补偿费用、政府的检查成本、政府的处罚额度的不同变化,引起博弈双方甚至多方行为的变化。监管需要成本,成本的增加产生权衡,权衡就会出现管还是不管、多管还是少管、用什么监管、监管力度如何等一系列问题,结果往往是"监管过度"与"监管不足"并存。因此，政府应改进监管方式，降低监管成本，适度监管，保证监管的有效性。

2. 海洋油气资源开发企业的自律性差

一是繁杂的环境管理事项包括环境信息收集处理、环境危机事件的预警、突发性溢油事故的应急处理等需要耗费大量成本。海洋油气开发企业生态补偿的主动性取决于对自身利益的权衡。当利润最大化的目标与环境监管发生矛盾时，通常以牺牲环境为代价，但企业的环保责任和经济利益并不是完全互斥的，企业责任的承担关键需要政府有效的规制。但在现实的环境政策执行中，中国地方政府环境管理模式体现为一种单中心、自上而下的政府主导方式。企业处于被管理者的地位，这样的角色定位使得企业依赖于政府管理，缺乏海洋油气开发生态补偿及环境监管的自律性。此外，当监管行为不能够换取相应的补偿和好处，企业无利可图，不会主动进行监管。

二是企业环境监管属于被动监管，缺乏主动性。从信息公开的角度看，企业信息公开可能暴露企业的内部问题，导致举报或竞争不力，大多数海洋石油公司迫于法律政策和政府的压力进行有选择的信息披露，信息利用价值不高。大多数企业存在侥幸心理，自我监管流于形式，监管乏力。

3. 公众参与力度弱

生态补偿的社会公众监督是指利益相关者、社会公众对生态补偿的标准进行议价，听证和监督。随着公众环境保护和环境权意识的提高，公众参与环境监管由被动向积极主动转变，但是公众参与力度依然较弱，社会团体和广大民众实际参与度较低。

第一，环境信息公开的准确性和有效性需提高。从信息获取方面看，海洋油气资源开发生态补偿尤其是突发性的溢油事故非常复杂，公众无论是从专业角度还是信息获取角度都处于信息不对称中的弱势方。政府和企业拥有大量的环境信息，掌握了主动权，而公众能获取的信息和监管范围有限，主要依赖于政府和企业的信息公开。然而，我国环境信息公开存在界定不清，规范性、强制性不足的缺陷。政府环境信息公开主体以单一的环保部门为主，难以保证准确性和完整性，容易导致公众的偏见甚至产生公众的信任危机。并且，政府是信息公开制定和执行的同一主体，企业掌握最新信息，双方均可以想办法规避对自己不利的信息，公众获取信息的全面性和真实性有限。例如，渤海康菲海洋溢油事故中，渔民是直接的利益相关者，但是大多数渔民文化水平低，法律知识和科学技术知识方面都相对薄弱，相对于经济技术实力比较雄厚的企业单位和拥有行政权力的政府而言，在举报和索赔中都会面临很大困难。

第二，从公众自身看，参与方式为"末端参与"，即以事后为主，当环境污染事实已经发生并且造成严重后果时，居民会通过上访、与污染单位交涉、诉讼甚至环境群体性冲突来表达其意志。大多数公众只对与自身利益相关的资源开发活动表示关注，对于无关或关系不大的容易在企业的威胁或利益诱惑下妥协。例如，2011 年发生在渤海海域蓬莱 19 - 3 油田的康菲漏油事故中，新浪网做了网上民意调研，发现只有9% 的人担心环境污染。

第三，对于公众的权利确认、激励和保障不足，公众参与缺乏一定的安全保障和及时的经济激励。《环境保护公众参与办法》给予举报的公民一定奖励，但是金额并没有明确规定，奖金落实需要一定时间，且要承担企业打击报复等风险，公民即使发现问题也容易隐瞒不报。新《环境保护法》虽对公众参与做了专章的规定，但从整体看，规定公众享有参与权的条款较少，内容模糊，限制性规定相对较多，无法在海洋油气开发生态补偿监管中落实。从具体内容看，现行法律以行政处罚为主，规定什么行为不合法，怎样处罚违法行为，但是具体实行中并不是所有的行为都可以找到相应的奖惩依据，最终导致公民环境权不明，企业自我承担责任的动机不足。

（二）多主体参与沟通不畅，难以实现互动协调

第一，传统等级制的组织结构和观念阻碍了多元主体之间的交流。多元主体中，政府处在金字塔的顶端，确定企业资源开发的资格，一旦发生政府与某一企业的合谋，容易使资质较差的企业进入资源开发行列，且对于资源开发行业来说，企业一旦形成一定的势力，退出市场的成本和难度明显增大，损害经济和环境福利。另外，根植于我国封建专制文化传统的"官本位"思想的少量历史残留，不利于平等的对话、协商、谈判等活动的开展。

第二，现代信息技术利用不足，多主体互动交流缺乏固定的平台。一方面，政府门户网站是主要的网上交流平台，海洋油气资源开发企业通过相关网站完成申请、资格获取等一系列工作，公众通过相关公示获取信息，提出建议并进行监管。现实中相关网站存在信息发布不全，网站恢复时间缩短但质量没有显著提高的状况。另一方面，政府热线、听证会等互动形式的作用有待加强，政府、企业和公众面对面沟通交流的平台较少。

第三，信息开放不足，公众难以与政府、企业平等协商谈判。政府和资源开发企业拥有大量的环境资源信息，掌握了主动权，公众能获取的信息和监管范围有限。加上环境和资源信息数据公开的规范性和强制性不足导致公众较难及时掌握相关信息，难以与政府企业开展平等协商。针对同一问题，政府、资源开发企业和公众的交流可能因为获取信息上的不同产生分歧和冲突，影响共同参与的效果。

（三）多元主体的监管手段、技术和人员素质有待提升

第一，监管手段单一。在传统的政府管理体制下，行政手段仍居于主导地位，经济手段和技术手段的应用还有相当大的空间。一方面，经济手段以处罚为主，效果不佳。海洋溢油生态补偿监管的经济手段以单一经济惩罚为主，且由于环境损害鉴定和环境司法的不成熟，惩罚数额较低，落实缺乏监督，既不能对企业起到警示作用也不利于生态环境的进一步修复。另一方面，经济激励和保障不足。环境税优惠、环境保护补贴对于企业的行为具有正向引导和激励作用，而现实中对环保行为的补贴和奖励远低于企业为此所付出的成本和可能取得的收益，难以产生实际效果。海洋溢油涉及的金额比较大，责任主体可能缺乏赔偿能力，而我国环境责任保险、石油行业信托基金等市场制度并不健全，即使对溢油者进行罚款，也容易发生责任主体无力补偿、逃避补偿的状况。

第二，海洋环境监测技术需提高。大数据、"互联网＋"、移动应用等新兴信息技术为海洋环境监测提供了发展机遇，同时海洋溢油环境监测面临着技术创新和应用难题。首先，原有基础设施建设不足。目前，海洋环境监测点和监测内容、指标等基本确立，能够保障环境监测工作的基本需要，环境监测新技术的应用需要更为全面的监测点设置和监测设备的改进。以卫星遥感为例，我国目前有光学卫星（HJ－1A卫星和HJ－1B卫星）和雷达卫星（HJ－1C卫星）专门用于环境和灾害监测，迫切需要后续卫星发射和海洋环境遥感观测系统的建立。其次，有效数据信息获取难。由于各部门和地区数据标准各异，数据公开和共享机制的部分缺失使信息"孤岛"、数据"烟囱"、数据造假等问题出现，严重制约了对海洋油气开发生态补偿效果的监测。在海洋油气资源开发生态补偿的监管中，资源开发的技术复杂性、跨区域性以及监管部门的利益博弈导致数据信息获取缺乏统一的监测标准，环境信息资源难以整合。应用"烟囱"和数据"孤岛"林立，各部门间缺乏信息共享机制，信息共享难度较大。各种非涉密环境信息无法顺畅地在部门与部门之间流动，信息资源开发利用难度更大，严重制约了环境信息化的进一步发展。

第三，高素质监管人员缺乏。人才建设是多手段运用的基础，目前我国生态补偿及环境监测领域整体人员素质有待提高，专业人才供给不足。海洋油气开发生态补偿监管人员主要来自海洋部门，监管队伍包含大量具有综合素质的行政人员，专业性不强，难以充分发挥经济和技术手段的作用。

二　多元监管方面的实施路径

我国处于多元共治的环境监管的早期，虽然有政府、企业、社会公众的参与，但是监管合力发挥不够。海洋油气开发生态补偿监管的完善仅仅通过政府自身改革或单个主体监管效力的增强是行不通的，盲目无效的"共治"并不一定产生"共赢"的结果。实现生态补偿的有效监管的根本生成逻辑在于以多元参与为通道、以沟通交流为依托，通过相关制度的完善，推动海洋油气资源开发生态补偿监管的多元秩序性、参与性、协调性和稳固性。

（一）促进主体参与，释放多元主体的监管力量

多元监管体系的构建基础在于多元主体力量的发挥，理顺各参与主体的义务和职责是多元监管的前提。"十三五"规划明确了政府、企业、公众共治的环境治理体系目标，在多元监管体系下，政府仍然是监管工作的主导者，海洋油气资源开发企业和公众发挥着越来越重要的作用。

1. 加强海洋油气资源开发生态补偿监管的权责划分和落实

第一，明确划分权限。首先，加快海洋溢油污染生态补偿和环境监管相关法律制度的修改。作为原有海洋环境监管主要部门的国家海洋局不再保留，海洋溢油污染环境监管机构发生了较大变动，应针对机构改革在《海洋环境保护法》等相关法律中明确自然资源部、生态环境部、交通运输部等涉海环境监管部门的地位和权责，实现依法监管。其次，推动中央和地方海洋环境监管及相关机构改革的落实。一方面，亟须明确海洋局原有的海上执法力量归属、渔业行政执法与自然资源部合并与否、原环保部推进实施的垂直改革等事项是否继续等具体问题。另一方面，各地方政府应当根据本地实际，加快"三定"规定的报批和落实，杜绝改革的"空窗期"。

第二，有效协调监管机构间的相互关系。首先，充分发挥新建部门的综合协调作用，针对海洋溢油污染的生态补偿监管做好顶层设计，妥善处理好海洋环境治理与监督、海洋溢油污染的专业监管和综合监管的关系。其次，在中央和地方政府的职权划分上，强化沿海地方政府的海洋环境保护责任和监管权限。对于地方政府负责的部分，中央政府应以监督为主要任务，给予地方管理的权限和一定的资金、设备支持，提高地方海洋环境监管的积极性。最后，利用好中央环保督察这一制度和环保约谈的行政手段，结合省以下环保机构监测监察执法垂直管理制度的改革，建立健全基层海洋环境监管体制，推动地方政府及其有关部门落实海洋生态保护的责任。

第三，应加强海洋油气资源开发的源头监管。一方面，严把海洋油气资源开发企业的市场准入关。从加强海洋油气资源开发的行政许可制度、环境影响评价和"三同时"制度、海洋油气资源开发的资质审批和备案管理制度三大方面，严格把守好市场准入关，将环保指标不达标、不符合资质的企业及时排除，将污染发生的可能性预先控制好。另一方面，对于可能产生的生态损害进行补偿价值的预先估计和费用提取。通过防护费用法和影子工程法对生态损害的风险进行补偿费用的预先计提。此阶段海洋油气资源开发的生态补偿价值评估，需加强对海洋资源开发造成的生态损害风险进行预先防范和源头监管。

第四，降低监管成本。一是政府、海洋油气开发企业和社会公众建立起"利益共享、风险共担、全程合作"的利益共同体关系，从而减少由于各自的利益最大化和博弈冲突对监管合力的折损，大大降低监管成本。如采取 PPP 模式，将部分政府责任以特许经营权的方式转移给市场主体。二是加强全流程的合规监管，降低检查成本。为防止海油开发企业的机会主义行为，政府部门必须降低检查成本、制定合理的费用标准、加大惩罚力度，从而对海洋油气资源开发者的生态补偿行为进行有效监管。三是建立生态补偿资金监督委员会，通过专业化的监管流程来降低监管成本，保障海洋油气开发生态补偿资金的有效运作。监管流程应该包括"生态补偿项目公开申请与公平评审—生态补偿费征收—生态补偿费的使用—生态补偿项目的信息公开—生态补偿资金运作的效益评估"。通过吸纳专业机构和社会公众的监管，在保证公开、公平、公正的基础上，促使海洋油气资源开发企业生态补偿费的及时与足额缴纳，并监督这笔资金的专款专用，通过实时的评估与反馈，及时发现并反思利益主体的博弈动机、行为和效果，适时提出对策，完善生态补偿机制，防止时间滞后和反馈滞后带来的高额监管成本。

2. 加强企业的自我监管

加强海洋油气资源开发企业的自我监管行为，分为日常监管和危机监管。

第一，加强日常环境监管能力的建设，着力提升软硬件的实力。由于海洋油气开发风险性极强的特点，所以在日常的海洋油气开发工作中，政府及其相关部门的日常监督与管理就显得极为重要。一是企业应建立日常安全监管制度，实时监测海洋油气开发及环境保护的进展情况。采取谨慎的态度开展活动，及时排查异常情况，防范海洋溢油事故的发生。通过定期检查与随时抽查相结合，实时监控海油企业的开发状况。二是需要进一步在海洋油气开发企业内部贯彻落实健康、安全和环境（HSE）三位一体的环境监督管理体系。落实安全环保责任制，责任目标分解，压力分解，将不同责任主体的职责履行与业绩考核紧密挂钩。成立企业 HSE 管理委员会，建设 HSE 管理体系的综合管理部门，配备专职人员从事体系规范运行的协调和日常维护完善工作。采用"作业危害分析法、工艺危害分析法"等实用的方法，健全项目"论证—设计—施工—生产—报废"全过程的动态、持续的风险识别控制机制，通过全员参与，构建"事故预防、清洁生产"的防火墙。

第二，加强危机监管，重点建设先进的环境监测预警和应急处理体系。针对突发性海洋溢油事故污染性强、规模大、蔓延快等特点，尤其需要利用国际领先技术建设先进的环境风险识别和监测预警体系，增强对突发性危机事故的应急准备、响应和处理能力。一是健全预测预警体系。预测预警体系能够有效地对污染事件进行风险规避和减轻事故的危害程度，是突发性油气污染应急管理中的重要防线。建立警情—警源—警兆的预警体系和突发性海洋污染事故的应急处理专家组，事发后迅速地抵达事故现场并进行快速、全面、详细的检查。二是进一步提高应急值守信息报告水平。利用 GPS、计算机辅助决策系统、GIS 等现代化的技术加强信息的及时性和准确性，并短时间完成高准确率的信息和数据分析，将其及时上报给决策部门并向社会公众公布有效信息，建设全天候、功能全的应急指挥平台，保证信息渠道的畅通。建立动态的数据库系统，注意及时地对各级上报的信息进行更新核实并汇总分析。三是制定具有针对性的应急预案，针对突发性海洋溢油事故准备多种具体的应急预案。为了应对海洋环境污染的突发事件，我国制定了一些相关的应急管理预案，但这些预案往往在实际应用中存在一系列问题，不能有效实施。这种情况应该是预案脱离实际情况所致，预案的制定对技术水平、设备性能、人员素质还有事故发生地的复杂因素缺乏充分考量和演练，使预案可操作性较差。除此之外，预案的范围没有精确的分类，某些实际的污染事件可能难以适用，比如说我国没有专门应对海陆毗连区域发生石油泄漏的预案，适用别的预案会有些偏差。制定应急预案应明确海洋油气开发企业面对溢油事故时，如何高效调动资源和力量，缩短反应时间，及时控制事态清除污染，减少污染损害，相关主管和应急管理部门也应该根据实际情况制定针对性强的预案，使应急预案发挥出其最大的功效。

3. 扩大社会公众的监管

第一，充分发挥大数据在信息公开中的作用，将信息公开制度的完善作为公众参与的前提。一是在政府的决策阶段，要广泛收集民意，对有重大影响的环境政策或者计划要及时公开。环境保护部门的执法依据和办事程序要向公众公开，污染物排放量和污染物防治措施要向公众公布，让公众参与渗透到对海洋油气资源开发的生态补偿监管的方方面面。二是提高环境监管能力的信息化程度，加强物联网技术在污染源监控、环境质量监测、环境监察执法、危险化学品和危险废物运输、应急指挥等方面的应用。

第二，营造公众参与的良好环境。一是充分利用有影响力的大众媒体、环境保护部的系统报刊、网络、新媒体平台，通过宣传、培训教育等方式，具体到街道、社区、学校、单位普及海洋生态保护和海洋生态补偿的相关信息，引导更多的社会团体和广大民众支持海洋生态环保事业，成为海洋生态补偿工作的关注者和强有力的监督群体。二是政府和企业通过信息公开等方式创造公众参与的条件。进一步完善规范环境信访工作制度，加大对重要环境信访案件的调查力度，要求把信访反映的问题作为环境检查和执法的重点，努力维护群众的合法权益。对于公众的反映和举报，主管部门应认真核查，进行调查取证，并及时反馈，尊重公众的环境权。三是汇集公众力量，加快建立更多的专项环保公众组织，成为促进公众有序参与的重要力量，以监督政府和企业行为，维护受损主体的利益，开展海洋污染治理的志愿活动，缓解监管人员不足的压力。四是健全由行政管理、海洋监测、行政执法及保护区管理共同构成的综合性海洋生态监控机制。定期开展近海生态健康和生物多样性状况的定期调查评价，构建生态保护网络监督和举报机制，搭建专业执法和公众参与、点面结合的海洋生态保护监督平台。

第三，完善公众参与环境保护的相关法律规范，促进安全保障和奖励机制更加明确化和稳定化。通过法律渠道，切实维护公众的环境建议权、环境知情权、环境监督权和环境索赔权等海洋生态环境权益。2015 年施行的《环境保护公众参与办法》阐明了适用范围、参与原则、参与方式、各方主体权利、义务责任和配套措施，明确了公众对生态环境保护的知情权、参与权、表达权和监督权。强调了环保部门可以对社会环保组织依法提起环境公益诉讼的行为予以支持，通过项目资助、购买服务等方式，支持、引导社会组织参与环境保护活动，凝聚社会公众力量，最大限度地形成监管合力。

（二）打破沟通壁垒，增强多元主体的互动协调

多元监管的本质是一个超越彼此权力和利益边界，多元主体相互包容、认同、赋权与合作的过程。实现有效的多元监管不仅要求释放每个主体的参与力量，更需要打破主体之间的沟通壁垒。通过创造共同交流沟通的环境将所有力量整合起来，增强多元主体的互动协调，促进政府、企业、公众的合作融合。

第一，建立多元监管的网络化组织结构。首先，树立海洋油气开发生态补偿监管中政府、海洋油气资源开发企业和公众平等参与的思想，打破公私部门监管的界限，使多元主体之间形成平等协商、积极合作、互利共赢的伙伴关系。其次，赋予不同主体对话、协商、谈判等权利。在多元监管的网络结构中，重点在于多元主体形成共同的逻辑结构，是一种彼此平等、相互依赖的结构，不存在命令等级和科层链条的部分，也没有科层制的形式。

第二，以互联网技术应用为依托，搭建多元主体交流的网络平台。中央和地方政府通过加强政府环境监管门户网站建设，搭建自然资源状况、资源开发活动和网民互动交流三大平台。一是建立海洋资源和生态环境状况的数据库，形成统一的基础信息共享平台，为资源开发生态补偿和环境监管提供信息载体。二是公布资源开发企业和开发项目的基本信息，使社会公众了解资源开发和生态补偿的范围、计划和相关保障，以便及时提出问题，理性地进行监管。三是在网站醒目的地方设置网民互动交流区域，保持咨询电话畅通，及时解答公众疑问，回复公众建议。

第三，加强信息数据的公开共享，营造平等的参与环境。一是政府加强信息公开建设，以法律的形式明确公开事项，推行电子政务及政务公开，将权力放在公共监督的视线之下。二是强化企业信息披露，鼓励资源开发企业自愿公开部分生态补偿和环境监管事项，政府和公众通过监督和强制性手段要求企业公开法律规定的其他事项。三是在部门信息共享的基础上逐步实现不同区域的信息联动，提升监管数据应用、信息共享的综合能力，加强各主体之间的联系。监管数据共享为公众参与监督提供了依据，是改变公众参与的弱势地位，实现多元主体互动的必经之路。

（三）综合运用多种监管手段，提高监管技术和人员素质

第一，要综合利用各项手段，在传统行政手段的基础上充分发挥经济手段的惩戒、激励和保障作用。首先，提高从事海洋油气开发活动的财务保证额度。海洋溢油事故对海洋产业、生态环境造成的经济损失往往数额巨大且存在后期增长的态势。因此，在市场准入环节及经营活动过程中，加强企业经济状况审查，包括企业财务状况、保证书和信用证等，按照经济发展水平提高企业财务保证额度。其次，确定合理的经济处罚额度与方式。根据新《环境保护法》的精神，对于严重的海洋溢油事故同时进行经济处罚与行政处罚，转变赔偿和处罚金额的确定方式，将原来的罚款上下限的具体规定调整为按日计罚且不设罚款上限，以增大处罚强度。改变守法成本高于违法成本的现状，提高经济手段威慑力。再次，通过政策优惠和环保技术设备补贴等措施鼓励海洋油气开发企业主动的环保行为，发挥经济激励作用。最后，完善我国海洋石油责任险和基金建设。强制规定只有取得有效保险的海洋油气开发者或运输者才能从事海洋石油活动，建立海洋溢油事故的赔偿基金，一旦事故发生，能够及时启动资金做应急处理。

第二，促进海洋环境监管技术手段的创新。首先，实现全面动态的环境监测。结合卫星遥感、航空遥感和地面监视监测等技术手段，实现对我国近岸海域及深海海域开发活动的全覆盖、高精度的实时监控。提供海洋环境的原始资料，以掌握环境状况和溢油事故动态，及时采取有效措施，避免事态恶化和扩大。其次，提高数据处理技术，做好数据共享和服务，建立全国统一的环境监测标准和规范，解决信息建设多头化问题。通过统一的数据获取、处理、共享和检验的标准，提高海域管理的数字化、可视化及网络化的信息表达方式，为涉海公众提供更为直观简单的数据、图像和技术信息。全面服务社会，促进信息"孤岛"、数据"烟囱"、数据造假等问题的解决。

第三，逐步建立高素质的环境监管队伍。一是环境监管人才建设应从教育抓起，在大学以及科研院所设立环境监测、海油环境工程的相关专业和研究项目，加强科研机构与企业的联合攻关和联合培养，通过产学研的合作，提升环境监管的技术水平，增强企业的环境保护动力。二是加强技术培训与交流，尤其是对基层环保机构的人员培训。监管部门通过人才选拔、培训、引进等方式，提高专业化水平，建立具有较高的技术能力和综合素养的监管队伍。扩大业务培训范围，开展技术援助，鼓励开展技术交流、专业技术比赛和演练等活动。三是逐步实施资质管理，启动环境监测、监察、信息、宣教、应急等人才工程和梯队建设。增加资金投入，改善和提高人员队伍素质，尤其是区县的基层人员的工作条件及待遇。引进高层次专业技术人才和先进的软硬件设备，建设国际一流的海洋环境监测中心实验室和专业海洋环境监测机构。

总之，发挥多元主体的监管合力作用，健全"政府监管、企业自检、社会监督"的多方位海洋油气资源开发的生态补偿监管体系。构建多元主体的监管模式，实现海洋经济发展与生态环境治理的良性循环，使其成为全体社会成员的共同事业。政府应立足于"有限型政府"的基本理念，归还本来属于社会领域的职能，成为真正意义上的"掌舵者"，而非"划桨者"。企业和公众作为必不可少的主体，应增强其参与监管的主动性。

第四节　法律保障方面的实施困境与路径

一　法律保障方面的实施困境

海洋油气资源开发的生态补偿比较复杂，不仅需要对海洋油气资源开发导致的生态环境损害进行科学界定和价值评估，而且需要对多方主体、不同区域间甚至国际的利益进行分配、协调和监管，因而需要完备的法律制度作为依据和保障。近年来，随着海洋油气开发污染事故的频繁发生，海洋油气资源开发生态补偿的法律困境进一步凸显，主要表现在立法、执法、司法的以下方面。

（一）立法部分缺位、分散且法律层次较低，导致生态补偿的不规范性

首先，立法的部分缺位。我国海洋油气资源开发生态补偿的立法供给滞后于海洋生态保护与修复的实践需求。我国的海洋油气资源开发生态补偿立法在制度构建与实施方面都处于起步阶段，缺乏配套的法律条文和司法解释。实践中的一些举措由于法律依据不足，往往无法对损害方进行制约。有关海洋环境保护的国家大法迄今为止国内只有一部，即2016年修订的《中华人民共和国海洋环境保护法》，但此法没有配套的行政法规和规章，实施这部法律时缺乏配套的规范性文件。例如，在该法第三章"海洋生态保护"中第二十四条提出"国家建立健全海洋生态保护补偿制度"、第二十六条针对开发利用海洋资源做出"应该采取严格的生态保护措施，不得造成海洋生态环境破坏"的规定，第四章"防治海洋工程建设项目对海洋环境的污染损害"第五十二条针对海洋油气资源开发做出"海洋石油钻井船、钻井平台、采油平台及其有关海上设施，不得向海域处置含油的工业垃圾……不得造成海洋环境污染"的规定。尽管这些法律条文规定了海洋生态保护与补偿的有关内容，提供了一定的法律依据，但仅限于原则层面。对于如何进行生态补偿和如何严格生态保护，缺乏配套说明和司法解释。立法的缺漏造成了在法律实践中屡屡出现海洋生态补偿与环境保

护执法难、追究难、处罚难等一系列问题。

其次，海洋油气资源开发生态补偿的立法分散且法律层级较低。我国现有的海洋油气资源开发生态补偿的相关立法需要梳理整合，法律层级亟须提高。一是立法分散，重复率高。通过对我国和地方海洋油气资源开发和生态补偿的主要法律条文进行梳理（见表 7 - 2）发现，涉及海洋油气资源开发生态补偿的法律规定分散在多部不同层级的法律文件之中，重复率超过 30%。二是法律层级较低、权威性较差、法律效力明显不足。国内既未建立全国统一的石油天然气法律制度，也未建立统一的海洋生态补偿法律制度，现阶段海洋油气资源开发生态补偿的法律大多以部委规章和地方法规的形式出现。例如以山东、浙江、海南为代表的一些海洋大省，在制定海洋生态补偿的地方法律文件方面进行了有益的探索。山东省充分结合当地海洋生态补偿的实际需求，进行调研和论证，于 2010 年出台了《海洋生态损害赔偿费和损失补偿费管理暂行办法》和 2016 年《山东省海洋生态补偿管理办法》，这些都是由山东省海洋与渔业厅联合财政厅制定并印发，立法层次上低于政府规章，属于地方政府部门的规范性文件。以我国立法权限而言，政府部门的规范性文件是为了配合法律法规的执行而发布的，法律法规未规定的，地方政府部门就不能越权。因此，虽然该办法成为山东省海洋生态补偿工作重要的政策指引和依据，也是全国首个海洋生态补偿管理规范文件，在补偿费的征缴标准认定上做了首次有益的尝试。但缺乏上位法的前提支持，因而在法律效力、适用范围、体现法的公平性、满足海洋生态保护要求等方面都存在较大的局限性。

表 7 - 2　　涉及海洋油气开发生态补偿的主要法律法规和政策

立法属性	名称	颁布及修订日期	条文
宪法	《中华人民共和国宪法》	1982 年颁布，1988 年、1993 年、1999 年、2004 年修订	第九条

续表

立法属性	名称	颁布及修订日期	条文
法律	《中华人民共和国环境保护法》	1989 年颁布，2014 年修订	第三十一、三十四、四十二、四十三、四十五、六十四条
	《中华人民共和国海洋环境保护法》	1986 年颁布，2013 年、2016 年修订	第十一、十二、十五、十七、四十六、五十、五十一、五十二、五十三、五十四、七十三、七十六、八十五、九十、九十一条
	《中华人民共和国矿产资源法》	1986 年颁布，1996 年修订	第三十二、四十四条
行政法规	《中华人民共和国环境保护税法》	2018 年颁布	第八、九、二十二条
	《中华人民共和国对外合作开采海洋石油资源条例》	1982 年颁布，2001 年、2011 年修	第八、十、二十二条
	《中华人民共和国海洋石油勘探开发环境保护管理条例》	1983 年颁布	第六、二十二、二十六、二十七条
	《中华人民共和国海洋倾废管理条例》	1985 年颁布，2011 年、2017 年修	第二、三、四、七、九、十七、十八、十九条
	《防治海洋工程建设项目污染损害海洋环境管理条例》	2006 年颁布	第二十五、二十六、三十三、三十四、三十六、三十九、五十六条
部门规章	《中华人民共和国海洋石油勘探开发环境保护管理条例实施办法》	1990 年颁布，2016 年修订	第十二、十七、十八、二十三、二十七、二十八、三十一条
	《海洋工程排污费征收标准实施办法》	2003 年颁布	第三条
	《海洋生态损害国家损失索赔办法》	2014 年颁布	第二、三、四、九、十五条

续表

立法属性	名称	颁布及修订日期	条文
地方性法规	《天津市渔业管理条例》	2003 年颁布，2005 年修订	第三十一条
	《山东省海洋生态损害赔偿费和损失补偿费管理暂行办法》	2010 年颁布	第二、三、四、九条
	《山东省海洋生态补偿管理办法》	2016 年颁布	第三、十二、二十条
	《宁波市海洋环境与渔业水域污染事故调查处理暂行办法》	2015 年颁布	第九、十二条
主要政策性文件	《海洋溢油生态损害评估技术导则》	2007 年颁布	
	《国家海洋局海洋石油勘探开发溢油应急预案》	2015 年颁布	
	《用海建设项目海洋生态损失补偿评估技术导则》	2015 年颁布	

资料来源：作者自制。

（二）现有法律过于原则和笼统化，导致执行和操作方面的不确定性

首先，对海洋油气资源开发污染损害的法律适用及责任范围缺乏明确界定，甚至没有相关的法律规定。一是综观海洋油气资源开发生态补偿的多个法律文件，普遍存在有关海洋油气开发生态损害责任范围和补偿责任规定不明确的问题，这直接影响了海洋油气资源开发生态补偿的开展。如《中华人民共和国海洋环境保护法》第八十九条虽然规定了"海洋环境污染者"的"排除妨害""赔偿损失"的责任，但如何赔偿缺乏具体指引，对海洋生态补偿责任和范围的界定依然不明确，在实践中缺乏可执行性和可操作性。《中华人民共和国海洋石油勘探开发环境保护管理条例》第九条"企业事业单位和作业者应具有有关污染损害民事责任保险或其他财产保证"和《防治海洋工程建设项目污染损害海洋环境管理条例》第二十六条"对海洋油气资源开发作业的设备技术等有防污染要求"的规定，虽然为海洋油气开发生态补偿提供了一定的法律依据但仅限于原则层面。第二十六条对钻井

平台的污染如何赔偿、第九条对海洋油气作业污染补偿的责任限制等具体问题均没有涉及。二是关于溢油处理的规定也缺乏专门化和可操作性。虽然《防治海洋工程建设项目污染损害海洋环境管理条例》《防治船舶污染海洋环境管理条例》对海洋溢油的调查处理、损害赔偿标准和法律责任等有一些规定，但在现实中认定困难，难以系统地解决溢油污染海域的责任确定、罪责判罚、民事赔偿、法定豁免等一系列法律问题。

其次，现有法律对海洋油气资源开发生态补偿机制的构成要素规定不明确。海洋油气资源开发生态补偿的法律制度应至少明确补偿主体、补偿对象、补偿标准、补偿范围、补偿方式、补偿手段六大方面。从目前来看，我国《海洋环境保护法》只是规定了行使海洋环境监督管理权的部门是海洋污染的索赔主体，但未对损失标准和重大损失进行量化，规定较为模糊，且未对行使海洋环境监督管理权的部门进行明确。生态补偿的主体、对象关系不清晰，致使出现"海洋负担、陆域受益""渔民负担、政企受益""生态建设者负担、资源开发者受益"的不合理局面。海洋油气资源开发生态补偿标准的量化、补偿方式和手段的作用边界和适用范围，这些都需要明确的细则规定。在已有的海洋油气资源开发生态补偿的相关立法层面，国家立法缺乏配套司法解释，不具有可操作性；而部分地方性法规的适用又受到地域限制，而不能在全国范围内实行，最终导致补偿依据不充分、补偿范围受限、补偿标准不明确、补偿方式不规范等弊端。

（三）执法主体责任和方式的不明确，导致执法中的不作为

我国的海洋行政执法方面存在两种不好的现象：一是执法主体不明确；二是规定了多个执法主体，职责虽有分工，但管理的总体责任不清楚，造成部门之间和上下级之间互相推诿，难以协调，执法责任落空，加之缺乏严格的行政问责制，导致执法过程中的不作为。自康菲溢油事故发生以来，大众舆论在谴责康菲石油公司的同时，也将矛头指向相关部门。康菲溢油事故的处理作为我国环境污染事故处理的"具体而微者"，相关部门在此事故中疲软的执法力度备受质疑。在有法律条文可依照的情况下，相关行政执法部门的怠于作为甚至是不作为，不仅是因为环境保护执法责任意识不强，更在于缺乏严格的集体和个人问责的压力，造成相关部门和个人在履行职责的积极性、主动性和勤勉度上锐减。因此，在生态环境损害事故中，不仅要严惩破坏者，而且还要对相关执法部门和个人实施严格的行政问责制度，从而保障生态环境保护法律法规的落实。

（四）司法程序与救济手段不完备，导致责任认定难落实

首先，相对于其他资源而言，海洋油气开发生态补偿的司法问题更复杂。主要表现为：一是海洋油气开发的生态损害案件往往牵涉的人数众多，涉及的利益种类众多、复杂且尖锐。不仅涉及当事人的私利，还涉及社会公共利益和生态平衡。不同的主体、不同的索赔请求使法院难以厘清头绪。其次，海洋生态损害本身存在易变性。海洋环境要素的易变性和不确定性会造成海洋利益受害方的不确定性，会使损害处于不确定状态，损失额难以确定。针对随时都在变化中的损害，应该以哪一天的损害为准，对法院来说也是一个难以解决的问题。最后，海洋油气开发生态损害的评估具有很强的科学技术性。在损害原因、损害确定以及损害量化等方面都需要高科技支撑。海洋环境的监测数据、损害评估、自然资源的损失评估等都超出了法官的专业知识范畴。这些专业证据的收集和认定需要专家的辅助，但是不同专家针对同一争议的事实，运用不同的原理、技术方法会得到不尽相同的结论。

其次，补偿程序的不规范和救济手段的不完备也在一定程度上影响了我国海洋生态损害补偿法律责任的落实。具体表现为：民事赔偿责任无法弥补海洋生态的实质损害，行政法律责任的惩罚性和威慑力难以预警海洋生态损害的发生，现行《中华人民共和国海洋环境保护法》规定的刑事法律责任在我国以行政保护为主导的海洋生态保护制度下，刑事责任的认定难以落到实处。如我国《海洋环境保护法》第九十一条规定："对造成重大海洋环境污染事故，致使公私财产遭受重大损失或者人身伤亡严重后果的，依法追究刑事责任。"我国刑法第三百三十八条也对"破坏环境资源保护罪"做了具体的规定："根据最高人民法院发布的关于审理环境污染案的司法解释，造成公私财产损失在 30 万元以上的，即可认为造成重大损失。"

二　法律保障方面的实施路径

法律是行为的规范和保障，良好的生态补偿秩序有赖于完备的环境法律体系。因此，要将环保优先、预防优先、公众参与等体现生态文明精神的理念贯彻到生态补偿的环境立法、执法和司法的各个环节，为生态补偿的有效落实提供法律保障。

（一）提高立法层次，健全生态补偿的法律体系

国家可在地方立法经验的基础上，综合保护海洋、公平用海、明智用海的各种需求，对海洋生态补偿不同层面的立法进行有效梳理与整合。

这就需要重新梳理与规划海洋资源的立法体系，完备海洋生态保护的相关法律制度；规范授权，制定较高立法层次的海洋生态补偿法律法规，废除不合时宜的法规；及时颁布司法解释或者相关细则，解决法律交叉问题，使法律资源达到最优配置。健全海洋油气资源开发生态补偿的法律体系可以分三个步骤进行：第一步可以先由国务院制定生态补偿政策，明确国家关于生态补偿的各项指导意见；第二步可以由国务院的相关部门制定《生态补偿条例》，正式进入行政规章阶段；第三步综合专家和民众意见，颁布《生态补偿法》，对不同领域的生态补偿分章编撰，将海洋油气资源开发的生态补偿列为其中的一章，进行专门的法律规定，避免零散和重复。

（二）明确生态补偿的构成要素，提高法律制度的可操作性

在进行海洋油气资源开发生态补偿立法的同时，必须不断细化和完善海洋油气资源开发生态补偿的法律内容。一方面要在立法的同时颁布配套的司法解释；另一方面要提高立法技术，科学界定海洋油气资源开发生态补偿的构成要素，将补偿范围、对象、方式、标准等以法律形式确立下来，确保生态补偿法律的可执行性。

1. 完善生态补偿主体的法律制度。首先，完善海洋油气资源的产权制度和资源开发的许可证制度是划分补偿主体的前提。明晰的产权

和许可证制度既是环境产权的界定、流转、交易、保护的制度和法律保障，也是贯彻环境保护的"预防优先"原则，严守海洋油气资源开发主体的市场准入关，进行源头保护的需要。其次，明确补偿主体间的权利义务关系和责任承担是海洋油气资源开发生态补偿主体法律制度的核心内容。合理运用法律法规所赋予的权利和义务，协调主体间的利益关系，落实生态补偿的责任承担。最后，针对责任主体范围受限的问题，建议在海洋油气资源开发的生态补偿立法中增加"责任主体扩张"的立法。借鉴巴西的立法经验，责任主体的合理扩大不仅有惩罚作用，还有激励和保护作用，会促进行业科学发展。在海洋油气开发这一涉及能源与环境的世界性问题上，在作业方、油田所有人与合作开发者、平台所有人或出租人之外，有进一步扩张责任主体（如融资方）的可能。

2. 完善生态补偿标准的法律制度，制定量化的生态损害评估导则。确定海洋油气资源开发生态损害的责任范围是确定生态补偿标准的前提。补偿标准的界定应综合考虑海洋生态保护方的投入、受益方的获利、生态破坏的修复成本、生态系统服务功能的价值等因素。海洋生态补偿标准的下限应是海洋生态保护方的投入、海洋生态破坏的机会成本及修复成本三者的总和；补偿标准的上限应为"海洋生态系统服务功能的价值"。海洋生态系统服务功能价值的量化需要由国家法定的专业评估机构来进行。评估机构的设立条件和程序、评估人员的资质、对评估机构和人员的监管、相应的法律责任，都可通过制定《海洋生态价值评估办法》予以制度化。

3. 完善生态补偿方式和手段的法律制度，明确方式和手段的作用边界。海洋生态补偿应综合运用政策补偿、实物补偿、资金补偿、技术和智力补偿等多种方式，征收生态补偿税、设置生态补偿费、设立海洋生态建设专项基金，以保证海洋生态补偿的实施效果。财政转移支付、差异性的区域政策、生态保护项目实施以及环境税费制度等都归属为政府补偿手段；而一对一交易、市场交易以及生态标签等则属于市场补偿手段。

4. 完善生态补偿程序的法律制度。生态补偿程序基本上应当包括如下内容：（1）生态环境保护项目实施公告。指将在本地区实施生态环境保护项目的相关内容告知公众。（2）登记。参加生态环境保护项目一般遵循自愿原则，参加者应当根据公告，按规定的期限和方式向有关机关进行登记，这一环节是确定受偿主体范围的基础。（3）核算补偿金。指补偿机关对受偿主体和当地的具体情况进行调查，依据一定的标准核算补偿金额。（4）公告补偿方案以及听证。指补偿机关将补偿的范围、标准、程序等有关事项以适当的方式予以公布。受偿主体可以提出异议，要求行政机关答复或举行听证。（5）支付和争议处理。补偿机关应当自做出补偿决定起一定期限内依照有关规定给予补偿；逾期不予补偿或者受偿主体对补偿决定有异议的，可以提起行政复议，也可以提起诉讼。

5. 完善生态补偿的国际化法律制度，加快与国际接轨。针对海洋油气资源开发的国际性，借鉴美国、加拿大、德国严格和成熟的相关立法经验，尽快实现生态补偿法律制度的国内法与国际法接轨，对处理跨国海洋油气资源开发的生态补偿案很有必要。

（三）完善海洋油气资源开发生态补偿的执法制度

首先，建立专门的海洋执法主体是完善海洋油气资源开发生态补偿的执法管理体制的内在要求。海洋执法具有较强的专业性，不能和陆地执法部门或者其他海洋管理部门混为一谈。专业化海上执法队伍的建立，可以保障责、权、利的统一性，从而有利于行政效率的提高。

其次，统一执法标准，规范执法行为，丰富执法手段。提升区域的海洋生态补偿的执法人员配备、经费预算和技术装备，提高执法能力；针对海洋油气开发生态补偿的跨域性，构建跨区域的联合执法体制；为保证执法的独立性，应减少某些地方政府部门对海洋油气资源开发生态补偿执法的阻碍；综合运用经济、法律、行政等多种执法手段，尤其应加大科研投入、提高执法的科技含量，探索更科学高效的执法手段。

最后，严格问责制度。落实政府与生态补偿主管部门的职责权限主要表现为以下方面：一是健全与问责相关的法律制度，为问责提供法律依据和保障。二是完善问责程序,增强可操作性,提高问责效能。完善问责程序是提升问责效能的关键,其核心是强化对问责客体的权力救济,其重点是增加问责的透明度,扩大公众知情权,而问责制的前提是信息真正公开。三是要强化异体问责,实现问责主体多元化。要突出异体问责的地位,就要建立以民意和媒体监督为基础,以权力机关为主导,社团和民众多方参与的相互协作、共同促进的异体问责体系。

(四) 推进生态补偿的程序完善和司法救济

程序正义是保障实体正义、实现法治的不可或缺的组成部分,程序具有独立的价值。司法救济是社会公平正义的最后一道防线。司法救济以个案审理的方式,解决行政机关与所有者在补偿问题上的争议。

首先,应当建立海洋油气资源开发生态补偿的正当程序,以程序正义促进实质正义。在健全我国的海洋油气资源开发生态补偿实体法的同时,应对海洋油气资源开发的生态补偿的主体、补偿范围、补偿标准、补偿方式和手段等方面进行可操作性的法律程序规定,加大对弱势受害者的保护力度以及对违法或显失公平、公正补偿行为的救济力度。

其次,完善海洋油气资源开发生态补偿的环境公益诉讼法律制度。由于海洋油气资源开发生态补偿错综复杂的利益主体关系和较广泛的受损范围,应摒弃"直接利害关系人"说,扩大诉讼主体的范围,考虑"实际损害"和"代际公平"的需要,赋予当代人为保护后代人平等享有生态福利的起诉权。环保和社会公益组织作为环境公益诉讼的原告,应适当降低原告的初步证明责任和负担诉讼成本,最终降低公益诉讼的门槛。

最后,加快建设生态环境资源的审判制度。在出台环境司法专门审判程序的基础上,构建生态补偿司法案件的刑事、民事、行政"三审合一"的制度,极致发挥这三大诉讼法的协同作用。针对海洋油气资源开发的国际性和生态补偿的跨域性,探索设立跨行政区划的审判机构和管辖制度。严格落实登记立案制度,完善环境案件举证责任分配、因果关系认定、责任承担方式、损害鉴定评估等配套制度,畅通司法救济渠道。

第五节　本章小结

本章通过深入分析海洋油气资源开发生态补偿在财政支持、市场运作、多元监管和法律保障方面的困境,提出相应的完善路径。

1. 在财政支持方面,存在财政资金补偿力度不充分、征收困难、运用效率低等困境。因此,在财政支持方面,需要完善生态补偿资金的筹集制度,加大生态补偿力度;改善生态补偿的资金征收与管理;提升生态补偿资金的运用效率和效果。

2. 在市场运作方面,生态补偿主体多元化格局未形成、市场补偿的方式和融资渠道较单一、交易市场的形成需要长期过程。因此,应进一步推进市场交易机制、完善市场融资机制、启动市场化的奖惩机制和健全市场运作的保障机制。

3. 在多元监管方面,监管主体参与不足,难以发挥多元监管的合力;多元主体沟通不畅,难以实现互动协调;多元主体的监管手段、技术和人员素质有待提升。因此,应促进主体参与,释放多元主体的监管力量;打破沟通壁垒,增强多元主体的互动协调;综合运用多种监管手段,提高监管技术和人员素质。

4. 在法律保障方面,立法的部分缺位、分散且法律层次较低,导致生态补偿的不规范性;现有法律过于原则和笼统化,导致执行和操作方面的不确定性;执法主体责任和方式的不明确,导致执法中的不作为;司法程序与救济手段不完备,导致责任认定难落实等困境。因此,需要提高立法层次,健全生态补偿的法律体系;明确生态补偿的构成要素,提高法律制度的可操作性;完善海洋油气资源开发生态补偿的执法制度;推进生态补偿的程序完善和司法救济。

第八章　结论与展望

第一节　研究结论

本书在外部性理论、生态系统服务理论、生态价值理论与可持续发展理论的基础上，综合运用计量分析、博弈分析、情景分析和案例分析的研究方法对海洋油气资源开发的生态补偿机制进行系统研究。首先，在客观分析海洋油气资源开发造成的生态损害的基础上，有效区分日常开发和突发性溢油事故两类不同情景，分情景分类型构建了生态损害的补偿价值评估模型，并将其运用到同一时空两类不同开发情景的案例研究中，深入解决海洋油气资源开发补偿机制的核心问题——生态补偿价值评估。进而提出海洋油气资源开发生态补偿机制的具体设计，明确界定各构成要素，形成补偿机制的流程，通过演化博弈模型揭示补偿主体间复杂的利益博弈关系。最终，从政府、市场和社会公众多角度提出生态补偿机制的实施路径，为海洋油气资源的合理开发和海洋生态环境的可持续发展提供理论基础和决策支撑。通过研究，得出以下结论。

1. 通过分情景分类型评估海洋油气资源开发的生态损害补偿价值，为不同生态情景和类型下的生态补偿标准的确定提供现实参考依据和量化标准。根据海洋油气资源日常开发情景下的具体生态损害类型，确立补偿的评估框架、评估指标，运用市场价值法、影子工程法、机会成本法、恢复费用法等评估方法，构建了日常开发的生态损害补偿价值评估模型，并将其运用到日常开发项目渤中 19 - 4 油田的生态损害补偿价值的分类计量和总体评估中，得出该油田在开采寿命为 20

年情况下的生态补偿总金额为 1717494 万元。其中，海洋油气资源开发运营阶段的海洋环境功能补偿的价值 12089.41 万元要比海洋生物资源的直接损失补偿价值 22.09 万元高得多，原因是从生态系统功能服务的机理出发，海洋生态环境功能的补偿从补偿周期、补偿范围和补偿对象都要考虑到海洋生态环境的日常维护、间接损害和长期修复的需要。此外，由于海洋油气资源日常开发活动是在国家许可的排污范围内正常进行，因而区别于溢油事故的突发性和高危害性给居民带来身体和心理健康的不利影响，对当地居民的影响主要表现为对海域的占用，造成临海居民的发展机会损失。对我们的启示是，海洋油气资源日常开发活动的污染损害具有可控性和预防性，应重点加强对生态风险的预先防范和源头控制。充分发挥生态补偿机制的预防作用，从源头形成海洋生态破坏行为的抑制机制，而不应仅通过海洋油气资源开发的生态补偿机制来惩罚海洋生态破坏行为。

2. 大胆尝试了对突发性海洋溢油事故的生态损害补偿价值的动态和长效评估，更加客观地反映生态损害的动态变化性和数据取值的差异性。根据突发性海洋溢油事故情景下的具体生态损害类型，基于动态损害分析的思想，对应急处置和清污费用、海洋生物资源损失价值、海洋生物资源修复费用、海洋生态服务功能损失价值、生境修复费用和评估监测费用 7 项指标进行逐一评估。综合使用资源等价分析法、生境等价分析法和其他评估方法，建立了溢油事故生态损害评估模型。运用此模型评估 2011 年的蓬莱 19 - 3 油田溢油事故的生态损害补偿价值为 77.21 亿元，该数额比康菲的官方赔偿金额要大。原因是：一是考虑到生境等价分析模型中参数值的变化会影响补偿修复工程的规模，对各参数的敏感度做了 7 种不同情景的模拟分析，以增强补偿的准确性；二是考虑到某些数据的差异化取值带来的浮动区间，对海洋大气调节服务损失价值、海洋污染处理服务损失价值、补偿性恢复工程的规模和生态损害的总补偿价值，提供了不同选择下的评估模型和验证结果。对我们的启示是：海洋溢油污染事故作为一种非常态化的污染具有突发性、可控性差、破坏性强的特点，毒性和污染性不仅会产生直接损害，而且还产生潜在的间接损害。为此，必须立足于"全过程补偿"，短期内做好突发溢油事故的应急处置，长期内应综合运用多种方式和手段，做好生态补偿和生态修复工作。

3. 明确提出了海洋油气资源开发生态补偿机制的具体设计。深入分析海洋油气资源开发生态补偿的主体、标准、方式和手段等构成要素，有效揭示了补偿主体间复杂的利益博弈关系和构成要素之间的流程。首先，明确海洋油气资源开发生态补偿的主体及其复杂的利益关系是解决"谁补偿谁"的问题。通过构建政府与海洋油气开发企业、海洋油气开发企业与当地居民、海洋油气开发企业的作业方和承包方的演化博弈模型，探讨博弈方的行为选择和演化稳定策略，以期为生态补偿提供建议和支持。其次，从政府、市场和社会的多重角度，明确了海洋油气资源开发生态补偿的多种补偿方式和手段。并且总结了生态补偿标准确定的两大途径和这些具体方法的含义、内容、适用范围和优缺点评价。最后，在明确和深入分析补偿主体、标准、方式和手段等构成要素的基础上，厘清了要素间的逻辑关系，构成一个完整的海洋油气资源开发生态补偿机制的流程。

4. 针对现实困境，着重探讨了海洋油气资源开发生态补偿机制的实施路径。应充分发挥政府、市场和社会公众多元化参与生态补偿的合力作用。国家和沿海各级政府应充分发挥其主要实施者和组织者的作用，国家和政府不仅要制定完善生态补偿的政策和制度，而且应加大财政和税收对生态补偿的支持力度。应推进产权界定、交易价格和交易市场的形成，积极引导有关利益方通过协商谈判来实施补偿，积极探索资源使用权、排污权交易的市场化运作。生态补偿市场运作难免存在盲目性、自发性、滞后性等市场缺陷。因此，应健全"政府监管、企业自检、社会监督"的多方位海洋油气资源开发生态补偿监管体系，释放多元主体的监管合力，实现海洋经济发展与生态环境治理的良性循环。

第二节　研究展望

生态补偿是一个理论界和实务界的热点问题，在前人的研究基础上，本研究在研究对象、理论模型、指标优选、情景分析、案例研究上做出了一定成果，但仍然存在改进和完善的空间。究其原因，主要有如下几点。

1. 对海洋油气资源开发的分情景分类型生态补偿价值评估研究，提高了补偿价值评估的适用性，有一定的科学性和创新性。但由于海洋生态环境的动态性特征，生态环境受到污染和损害的边界问题难以确定，所以边界值能否确定是伴随着生态学的发展需要解决的后续问题。

2. 考虑到时空的差异性对评估结果的差异性影响较大，需要选定具体区域或具体项目进行生态损害补偿的案例研究。为此，本书已做了典型案例研究的尝试，选择了同一时空的 2011 年渤海 19 - 4 日常开发和蓬莱 19 - 3 康菲溢油的具体项目进行详细的分类计量和验证。但对于生态损害造成人的心理健康、环境公平和社会伦理方面的影响，由于主观性较大，此类研究还需要借助社会科学的统计方法和自然科学实验方法的交叉融合来进一步研究。

3. 对生态补偿机制的设计和实施路径的提出，不仅明确了补偿机制的关键要素，而且揭示了各构成要素的逻辑关系和复杂的利益博弈关系，也从政府、市场和社会提出了多元化的生态补偿机制的实施路径，这些研究都是在对问题和原因深入分析的基础上提出的针对性措施，具有一定的可行性。但其中有些方面的完善是一个长期的系统工程，诸如法律、财政方面都涉及国家层面，在执行中会由于一定的滞后性和局限性的影响，需要站在全局和发展的视角动态改进。

虽然以上三大方面的研究展望，不是笔者个人能力能够改善和解决的，需要研究者们的共同努力，但会成为笔者今后纵深研究的方向。在今后的学习和科研中，笔者将不断深化研究内容，拓宽研究视阈，强化理论方法的学习和社会实践能力的训练，对先进的经济理论和系统方法进行深入的梳理总结，为理论模型构建和实证模型分析打下坚实的基础。不断改良评估指标，优化计量经济模型，尽可能全面、科学、真实地反映实际情况，使结果更具解释性和说服力。

参考文献

一 中文文献

曹明德：《对建立我国生态补偿制度的思考》，《法学》2004 年第 3 期。

陈尚、任大川、夏涛：《海洋生态资本理论框架下的生态系统服务评估》，《生态学报》2013 年第 19 期。

陈书全：《论我国环境信息公开制度的完善》，《东岳论丛》2011 年第 12 期。

陈源泉、高旺盛：《基于生态经济学理论与方法的生态补偿量化研究》，《系统工程理论与实践》2007 年第 4 期。

程娜：《海洋生态系统的服务功能及其价值评估研究》，硕士学位论文，辽宁师范大学，2008 年。

崔凤、崔姣：《海洋生态补偿：我国海洋生态可持续发展的现实选择》，《鄱阳湖学刊》2010 年第 6 期。

崔姣：《我国海洋生态补偿政策研究》，硕士学位论文，中国海洋大学，2010 年。

代红梅：《关于完善我国行政补偿程序的思考》，《法制与经济》2011 年第 2 期。

戴纪翠、倪晋仁：《底栖动物在水生生态系统健康评价作用分析》，《生态环境》2008 年第 6 期。

邓瑞：《公众参与法律制度的审视与完善——基于〈环境保护法〉法律条款规范分析》，2015 年全国环境资源法学研讨会（年会）论文集，2015 年。

邓岳：《盘锦港 25 万吨级航道建设对辽东湾国家级水产种质资源保护区鱼卵仔鱼的影响分析》，《水道港口》2017 年第 2 期。

范红红：《产业规制中的生态补偿机制研究——以海洋油气产业为例》，硕士学位论文，中国海洋大学，2011 年。

范子英、田彬彬：《税收竞争、税收执法与企业避税》，《经济研究》2013 年第 9 期。

方芳、张鹏、高艳波：《我国海洋科技成果产业化发展研究》，《海洋技术》2011 年第 1 期。

冯恺、金坦、逯元堂：《我国环境监管能力建设问题与建议》，《环境保护》2013 年第 8 期。

冯凌：《基于产权经济学"交易费用"理论的生态补偿机制建设》，《地理科学进展》2010 年第 5 期。

傅秀梅、王长云：《海洋生物资源保护与管理》，科学出版社 2008 年版。

高红梅：《自然保护区价值估价体系构建》，《哈尔滨商业大学学报》（社会科学版）2012 年第 6 期。

高新伟、张树亮、陈浩、李洁仪：《基于社会福利最大化的油气资源税费研究》，《运筹与管理》2016 年第 6 期。

高振会、杨建强、崔文林：《海洋溢油对环境与生态损害评估技术及应用》，海洋出版社 2005 年版。

宫小伟：《海洋生态补偿理论与管理政策研究》，博士学位论文，中国海洋大学，2013 年。

龚虹波、冯佰香：《海洋生态损害补偿研究综述》，《浙江社会科学》2017 年第 3 期。

国家海洋局：《蓬莱 19 - 3 油田溢油事故联合调查组关于事故调查处理》，中国新闻网，www. Chinanews. com/gn/2012/06 - 21/3980404. shtml，2012 年 6 月 21 日。

国土资源部矿产资源储量司中国国土资源经济研究院编：《矿产资源补偿费征收方法研究》，地质出版社 2013 年版。

郭旭鹏、金显仕：《渤海小黄鱼生长特征的变化》，《中国水产科学》2006

年第 2 期。

韩洪霞、张式军:《我国生态补偿法律保障机制的构建》,《青岛农业
　　大学学报》(社会科学版) 2008 年第 1 期。

韩秋影、黄小平、施平:《生态补偿在海洋生态资源管理中的应用》,
　　《生态学杂志》2007 年第 1 期。

郝林华、陈尚、夏涛:《用海建设项目海洋生态损失补偿评估方法及
　　应用》,《生态学报》2017 年第 10 期。

侯凤岐:《生态资源价值补偿机制研究》,博士学位论文,西北大学,
　　2008 年。

胡恒:《基于能值分析的海洋溢油生态系统服务功能损失研究》,硕士
　　学位论文,中国海洋大学,2014 年。

黄昊、程起群:《小黄鱼生物学研究进展》,《现代渔业信息》2010 年
　　第 9 期。

黄寰:《论生态补偿多元化社会融资体系的构建》,《现代经济探讨》
　　2013 年第 9 期。

黄立洪:《生态补偿量化方法及其市场运作机制研究》,博士学位论
　　文,福建农林大学,2013 年。

黄庆波、戴庆玲、李焱:《中国海洋油气开发的生态补偿机制探讨》,
　　《中国人口·资源与环境》2013 年第 11 期。

黄少安:《海洋主权、海洋产权与海权维护》,《理论学刊》2012 年第
　　9 期。

黄信瑜:《地方政府环保监管责任有效落实的路径分析》,《政法论丛》
　　2017 年第 3 期。

黄秀蓉:《海洋生态补偿的制度建构及机制设计研究》,博士学位论
　　文,西北大学,2014 年。

黄玉银、何世文:《完善财政转移支付制度的几点建议》,《中国财政》
　　2018 年第 6 期。

贾欣、王淼、高伟:《基于渔业生态损失评价的渔业生态补偿机制研
　　究》,《中国渔业经济》2010 年第 2 期。

贾欣、王淼:《海洋生态补偿机制的构建》,《中国渔业经济》2010 年

第 28 期。

贾欣：《海洋生态补偿机制研究》，博士学位论文，中国海洋大学，
　　2010 年。

贾引狮：《生态补偿机制的生态经济学分析》，《商场现代化》2009 年
　　第 3 期。

黎鹤仙、谭春兰：《海洋生态补偿中的博弈分析》，《南方农业学报》
　　2012 年第 6 期。

李光禄、刘明明：《论我国环境公益诉讼原告资格的确立》，《重庆工
　　商大学学报》（社会科学版）2006 年第 5 期。

李国平、刘治国、赵敏华：《我国非再生能源资源开发中的价值损失
　　及补偿》，经济科学出版社 2009 年版。

李国平、刘生胜：《中国生态补偿 40 年：政策演进与理论逻辑》，《西
　　安交通大学学报》（社会科学版）2018 年第 6 期。

李红娟：《陕西安康推进生态文明体制改革探索》，《中国国情国力》
　　2018 年第 4 期。

李京梅、王晓玲：《基于资源等价分析法的海洋溢油生态损害评估模
　　型及应用》，《海洋科学》2012 年第 5 期。

李京梅、侯怀洲、姚海燕：《基于资源等价分析法的海洋溢油生物资
　　源损害评估》，《生态学报》2014 年第 13 期。

李娜、李勇、吕宾：《关于我国海上油气资源补偿费征收的几点思考》，
　　《中国国土资源经济》2014 年第 2 期。

李天生：《海洋油气开发污染损害赔偿研究》，法律出版社 2016 年版。

李文华：《生态系统服务研究是生态系统评估的核心》，《资源科学》2006
　　年第 4 期。

李文华、李世东、李芬：《森林生态补偿机制若干重点问题研究》，《中
　　国人口·资源与环境》2007 年第 2 期。

李炜、田国双：《生态补偿机制的博弈分析——基于主体功能视角》，
　　《学习与探索》2012 年第 6 期。

李亚燕：《基于生态资本评估的海洋溢油生态价值损害及补偿研究》，
　　硕士学位论文，中国海洋大学，2015 年。

李言涛：《海上溢油的处理与回收》，《海洋湖沼通报》1996 年第 1 期。

李钰：《康菲溢油事故背后的法律解读——对话中国政法大学王灿发教授》，《中国新时代》2012 年第 1 期。

李宇亮、温荣伟、陈克亮：《海洋生态系统服务价值研究进展》，《生态经济》2017 年第 6 期。

李炜、周笑白、王斌：《基于生态价值理论北大港湿地价值研究》，《绿色科技》2017 年第 24 期。

李志文、马金星：《论我国海洋法立法》，《社会科学》2014 年第 7 期。

廖谟圣：《海洋油气资源勘探开发工程技术概览》，中国石化出版社 2015 年版。

刘芳：《浅析重金属废水处理成本》，《现代经济信息》2012 年第 16 期。

刘慧、黄秉杰：《山东半岛蓝色经济区海洋生态补偿机制研究》，《山东社会科学》2012 年第 11 期。

刘慧、高新伟：《困境与理路：我国油气资源税改革的绿色方略》，《求索》2013 年第 11 期。

刘慧、高新伟：《海洋油气资源开发生态补偿的困境与对策研究》，《生态经济》2015 年第 11 期。

刘家沂：《海洋生态损害的国家索赔法律机制与国际溢油案例研究》，海洋出版社 2010 年版。

刘丽：《我国国家生态补偿机制研究》，博士学位论文，青岛大学，2010 年。

刘文剑、孙吉亭、薛桂芳：《渔业资源与环境开发利用的补偿费核算》，《中国渔业经济》2006 年第 1 期。

吕雁琴、慕君辉、李旭东：《新疆煤炭资源开发生态补偿博弈分析及建议》，《干旱区资源与环境》2013 年第 8 期。

吕忠梅：《超越与保守可持续发展视野下的环境法创新》，法律出版社 2003 年版。

吕忠梅：《"生态环境损害赔偿"的法律辨析》，《法学论坛》2017 年第 3 期。

吕忠梅：《新中国环境资源司法面临的新机遇新挑战》，《环境保护》2018
　　年第 1 期。

吕忠梅：《习近平新时代中国特色社会主义生态法治思想研究》，《江
　　汉论坛》2018 年第 1 期。

卢艳丽、丁四保、王荣成：《生态脆弱地区的区域外部性及其可持续
　　发展》，《中国人口·资源与环境》2010 年第 7 期。

鲁怡、胡斐、梁继文：《从南海西部海域油气勘探特点看探矿权占用
　　费改革》，《中国矿业》2018 年第 6 期。

［美］罗伯特·索洛：《迈向持续发展的现实一步》，《管理世界》1995
　　年第 1 期。

马明飞、周华伟：《完善我国海洋生态补偿法律制度的对策研究》，《环
　　境保护》2013 年第 12 期。

毛显强、钟瑜、张胜：《生态补偿的理论探讨》，《中国人口·资源与
　　环境》2002 年第 4 期。

欧阳志云、王效科、苗鸿：《中国陆地生态系统服务功能及其生态价
　　值的初步研究》，《生态学报》1999 年第 5 期。

秦天宝、段帷帷：《多元共治助推环境治理体系现代化》，《世界环境》
　　2016 年第 3 期。

秦扬、李俊坪：《油气开发生态补偿法律关系主客体界定》，《西南民
　　族大学学报》（人文社会科学版）2013 年第 10 期。

丘君、刘容子、赵景柱：《渤海区域生态补偿机制的研究》，《中国人
　　口·资源与环境》2008 年第 2 期。

任毅、刘薇：《市场化生态补偿机制与交易成本研究》，《财会月刊》
　　2014 年第 22 期。

山东省质量技术监督局：《山东省海洋生态损害赔偿和损失补偿评估
　　办法》，中国标准出版社 2009 年版。

尚龙生、孙茜、徐恒振：《海洋石油污染与测定》，《海洋环境科学》
　　1997 年第 1 期。

沈海翠：《海洋生态补偿的财政实现机制研究》，硕士学位论文，中国
　　海洋大学，2013 年。

沈满洪、陆菁：《论生态保护补偿机制》，《浙江学刊》2004 年第 4 期。

沈满洪：《生态补偿机制建设的八大趋势》，《中国环境管理》2017 年第 3 期。

沈新强、丁跃平：《海洋溢油事故对天然渔业资源损害评估》，《中国农业科技导报》2008 年第 1 期。

石英华：《按照治理现代化要求构建多元化的生态补偿资金机制》，《环境保护》2016 年第 10 期。

孙钰：《探索建立中国式生态补偿机制——访中国工程院院士李文华》，《环境保护》2006 年第 19 期。

谭雪、石磊、陈卓琨：《基于全国 227 个样本的城镇污水处理厂治理全成本分析》，《给水排水》2015 年第 5 期。

陶恒、宋小宁：《生态补偿与横向财政转移支付的理论与对策研究》，《创新》2010 年第 2 期。

陶建武、赵明亮：《大数据助力治理变革》，《浙江人大》2015 年第 11 期。

田春暖：《海洋生态系统环境价值评估方法实证研究》，硕士学位论文，中国海洋大学，2008 年。

田义文、吉普辉：《土壤污染防治立法的自然基础与基本原则》，《陕西农业科学》2016 年第 8 期。

王彬彬、李晓燕：《生态补偿的制度建构：政府和市场有效融合》，《政治学研究》2015 年第 5 期。

王春婷：《社会共治：一个突破多元主体治理合法性窘境的新模式》，《中国行政管理》2017 年第 6 期。

王金坑、余兴光、陈克亮：《构建海洋生态补偿机制的关键问题探讨》，《海洋开发与管理》2011 年第 11 期。

王金南、万军、张惠远：《关于我国生态补偿机制与政策的几点认识》，《环境保护》2006 年第 10 期。

王林昌、邢可军：《海洋油气开发对渔业资源的影响及对策研究》，《中国渔业经济》2009 年第 3 期。

王淼、段志霞：《关于建立海洋生态补偿机制的探讨》，《中国渔业经济》2008 年第 3 期。

王敏、陈尚、夏涛等：《山东近海生态资本价值评估——供给服务价值》，《生态学报》2011 年第 19 期。

王敏：《海陆一体化格局下我国海洋经济与环境协调发展研究》，《生态经济》2017 年第 10 期。

王启尧：《海域承载力评价与经济临海布局优化理论与实证研究》，博士学位论文，中国海洋大学，2011 年。

王其翔、唐学玺：《海洋生态系统服务的产生与实现》，《生态学报》2009 年第 5 期。

王其翔、唐学玺：《海洋生态系统服务内涵与分类》，《海洋环境科学》2010 年第 1 期。

王昱、丁四保、王荣成：《区域生态补偿的理论与实践需求及其制度障碍》，《中国人口·资源与环境》2010 年第 7 期。

魏崴：《石油对自然的危害到底有多重》，《华东科技》2010 年第 8 期。

吴真、高慧霞：《新加坡环境公共治理的实施逻辑与创新策略——以政府、社会组织和公众的三方合作为视角》，《环境保护》2016 年第 23 期。

吴惠琴、胡家项、方昆、陈婧：《海洋石油勘探开发对海洋生物的影响及防治对策》，《中国水运》2011 年第 3 期。

吴珊珊、刘容子、齐连明：《渤海海域生态系统服务功能价值评估》，《中国人口·资源与环境》2008 年第 2 期。

吴文洁、常志风：《油气资源开发生态补偿标准模型研究》，《中国人口·资源与环境》2011 年第 5 期。

谢高地、张彩霞、张雷明：《基于单位面积价值当量因子的生态系统服务价值量化方法改进》，《自然资源学报》2015 年第 8 期。

谢高地、曹淑艳：《生态补偿机制发展的现状与趋势》，《企业经济》2016 年第 4 期。

徐绍史：《国务院关于生态补偿机制建设工作情况的报告》，《中华人民共和国全国人民代表大会常务委员会公报》2013 年第 3 期。

徐祥民、高振会、杨建强：《海上溢油生态损害赔偿的法律与技术研究》，海洋出版社 2009 年版。

许志华、李京梅、杨雪：《基于生境等价分析法的罗源湾填海生态损害评估》，《海洋环境科学》2016 年第 2 期。

杨帆、傅小城：《某核电厂取排水设计对渔业资源经济价值影响分析》，《工程建设与设计》2018 年第 6 期。

杨建军、董小林：《城市固体废物环境治理成本核算及分析》，《桂林理工大学学报》2013 年第 3 期。

杨建强、廖国祥、张爱君：《海洋溢油生态损害快速预评估技术研究》，海洋出版社 2011 年版。

杨寅、韩大雄、王海燕：《生境等价分析在溢油生态损害评估中的应用》，《应用生态学报》2011 年第 8 期。

尹春荣：《油气资源开发的生态补偿机制研究——以东营为例》，硕士学位论文，山东师范大学，2008 年。

"油气体制改革研究"课题组：《油气体制改革的思路与建议》，《宏观经济管理》2015 年第 9 期。

尤艳馨：《我国国家生态补偿体系研究》，博士学位论文，河北工业大学，2007 年。

於方、牛坤玉、曹东、王金南：《基于成本核算的城镇污水处理收费标准设计研究》，《中国环境科学》2011 年第 9 期。

于姗姗：《我国油气价格市场化创新与变革路径》，《改革与战略》2017 年第 6 期。

盂昭莉、黎晓白：《迎接海洋油气大开发时代》，《新财经》2011 年第 8 期。

袁征：《生境等价分析法在溢油生态损害评估中的应用研究》，硕士学位论文，国家海洋局第三海洋研究所，2015 年。

章轲：《学者：公益性、经营性自然资源同归一部管理是一个挑战》，《第一财经日报》2018 年 3 月 26 日。

张诚谦：《论可更新资源的有偿利用》，《农业现代化研究》1987 年第 5 期。

张兰婷、倪国江、韩立民、史磊：《国外海洋开发利用的体制机制经验及对中国的启示》，《世界农业》2018 年第 5 期。

张蓬、冯俊乔：《基于等价分析法评估溢油事故的自然资源损害》，《地球科学进展》2012 年第 6 期。

张楷洁：《郑州城市水系生态系统服务功能评价》，硕士学位论文，郑州大学，2017 年。

张淑莉：《海洋油气资源开发对海洋经济环境的影响——以河北省海域为例》，硕士学位论文，河北师范大学，2006 年。

张思锋、权希、唐远志：《基于 HEA 方法的神府煤炭开采区受损植被生态补偿评估》，《资源科学》2010 年第 3 期。

张文彬、李国平：《国家重点功能区转移支付动态激励效应分析》，《中国人口·资源与环境》2015 年第 10 期。

张兴儒、张士权：《油气田开发建设与环境影响》，石油工业出版社 1998 年版。

张晏：《国外生态补偿机制设计中的关键要素及启示》，《中国人口·资源与环境》2016 年第 10 期。

张玉强、张影：《海洋生态补偿机制研究——基于利益相关者理论》，《浙江海洋学院学报》2017 年第 4 期。

张朝晖、叶属峰、朱明远：《典型海洋生态系统服务及价值评估》，海洋出版社 2008 年版。

赵东旭：《行政问责制如何更为完善》，《人民论坛》2018 年第 10 期。

赵晟、李璇、陈小芳：《海域生态价值补偿评估》，海洋出版社 2017 年版。

赵文娟：《不同石油开采阶段的资源开发补偿税费研究》，硕士学位论文，中国石油大学，2014 年。

赵银军、魏开湄：《流域生态补偿理论探讨》，《生态环境学报》2012 年第 5 期。

赵云英、杨庆霄：《溢油在海洋中的风化过程》，《海洋科学》1997 年第 1 期。

赵志刚、余德、韩成云、王凯荣：《2008—2016 年鄱阳湖生态经济区生态系统服务价值的时空变化研究》，《长江流域资源与环境》2017

年第 2 期。

郑冬梅：《海洋生态补偿制度研究基础与拓展研究》，《福建行政学院学报》2014 年第 5 期。

郑伟：《海洋生态系统服务及其价值评估应用研究》，博士学位论文，中国海洋大学，2008 年。

郑伟、王宗灵、石洪华：《典型人类活动对海洋生态系统服务影响评估与生态补偿研究》，海洋出版社 2011 年版。

郑伟、徐元、石洪华等：《海洋生态补偿理论及技术体系初步构建》，《海洋环境科学》2011 年第 6 期。

郑雪梅：《生态补偿横向转移支付探讨》，《地方财政研究》2017 年第 8 期。

中海油环保服务（天津）有限公司：《COES – 018 – HP – 2012 渤中 19 – 4 油田综合调整项目环境影响报告书》（简本），国家海洋局 2013 年版。

中华人民共和国农业部渔业局：《SC/T9110 – 2007 建设项目对海洋生物资源影响评价技术规程》，中国标准出版社 2007 年版。

庄国泰、高鹏：《中国生态补偿费的理论与实践》，《中国环境科学》1995 年第 6 期。

二 英文参考文献

Allen Ⅱ P. D. , Chapman D. J. , Lane D. , *Scaling Environmental Restoration to Offset Injury Using Habitat Equivalency Analysis*, Boca Raton, Florida: CRC Press, 2005.

Anabel Z. , Jaime V. , "Environmental tax and productivity in a decentralized context: new findings on the Porter hypothesis", *Eur Law Econ*, Vol. 40, No. 2, 2015.

Ando A. W. , Wkhnna M. , "Natural resource damage assessment methods: lessons in simplicity from state trustees", *Contemporary Economic Policy*, Vol. 22, No. 4, 2004.

Bjorklund, Limburg K. E. , Rydberg T. , "Impact of production intensity on the ability of the agricultural landscape to generate ecosystem services: an example from Sweden", *Ecological Economics*, Vol. 29, No. 2, 1999.

Brian R. , William W. , "Policy evaluation of natural resource injuries using habitat equivalency analysis", *Ecological Economics*, No. 2, 2006.

Cabral P. , Levrel H. , Viard F. , "Ecosystem services assessment and compensation costs for installing seaweed farms", *Marine Policy*, Vol. 71, 2016.

Costanza R. , D'Arge R. , Groot R. D. , et al. , "The value of the world's ecosystem services and natural capital", World Environment, Vol. 387, No. 1, 1997.

Costanza R. , Groot R. , Sutton P. , et al. , "Changes in the global value of ecosystem services", *Global Environmental Change*, No. 1, 2014.

Cuperus R. , Canters K. , Haes H. , et al. , "Guidelines for ecological compensation associated with highways", *Biological Conservation*, No. 90, 1999.

Depellegrin D. , Blazauskas N. , "Integrating ecosystem service values into oil spill impact assessment", *Journal of Coastal Research*, Vol. 29, No. 4, 2013.

Dunford R. W. , Ginn C. T. , Desvousges W. H. , "The use of habitat equivalency analysis in nature resource damage assessment", *Ecological Economics*, Vol. 48, 2004.

Ejsmont-Karabin J. , "The usefulness of zooplankton as lake ecosystem indicators: Rotifer Trophic State Index", *Polish Journal of Ecology*, Vol. 60, No. 2, 2012.

Ellitott M. , Cutts N. , "Marine habitats: Loss and gain, mitigation and compensation", *Marine Pollution Bulletin*, No. 49, 2004.

French-Mccay D. P. , "Oil spill impact modeling: development and validation", *Environmental Toxicology and chemistry*, Vol. 23, No. 10,

2004.

Johst K. , Drechsler M. , Watzold F. , "An ecological-economic modeling procedure to design compensation payments for the efficient spatio-temporal allocation of species protection measures", *Ecological Economics*, No. 41 , 2002.

Kumar P. , *Market for Ecosystem Services*, New York: The International Institute for Sustainable Development, 2005.

Kumari K. , *An environmental and economic assessment of forest management options: a case study in Malaysia*, The World Bank in AGRIS since, 2012.

Martin-Ortega J. , Brouwer R. , Aiking H. , "Application of a value-based equivalency method to assess environmental damage compen-sation under the European Environmental Liability Directive", *Journal of Environmental Management*, Vol. 92 , No. 6 , 2011.

Mason M. , "Civil Liability for Oil Pollution Damage: Examining the Evolving Scope for Environmental Compensation in the Internal Regime", *Marine Police*, Vol. 27 , No. 1 , 2003.

Matthew C. , Susana M. , "Community conservation and a two-stage approach to payments for ecosystem services", *Ecological Economics*, No. 15 , 2011.

Mccay DPF, T Isaji, "Evaluation of the consequences of chemical spills using modeling: chemicals used in deepwater oil and gas operations", *Environmental Modelling & Software*, Vol. 19 , No. 7 , 2004.

Moran D. , Vittie A. , Allcroft D. , et al. , "Quantifying public preferences for agri-environmental policy in Scotland: a comparison of methods", *Ecological Economics*, Vol. 63 , No. 1 , 2007.

Millennium Ecosystem Assessment, *Ecosystems and Human Well-being: Synthesis*, Washington DC: Island Press, 2005.

Muradian R. , Corbera E. , Pascual U. , et al. , "Reconciling theory and practice: An alternative conceptual framework for understanding payments for environmental services", *Ecological Economics*, Vol. 69, No. 6, 2010.

Niner H. J., Milligan B., Jones P. J. S., Styan C. A., "A global snapshot of marine biodiversity offsetting policy", *Marine Policy*, Vol. 81, 2017.

Pagiola S., Landell M., et al., *Selling forest environmental services: market-based mechanisms for conservation and development*, London, UK: Earthscan, 2002.

Reczkova L., Sulaiman J., Bahari Z., "Some issues of consumer preferences for eco-labeled fish to promote sus-tainable marine capture fisheries in peninsular Malaysia", *Procedia-Social and Behavioral Science*, Vol. 91, 2013.

Robert F., Jan B., "Market mechanism or subsidy in disguise? Governing payment for environmental services in Costa Rica", *Geoforum*, No. 43, 2012.

Robin J., Kemkes, Joshua F., et al., "Determine when payments are an effective policy approach to ecosystem service provision", *Ecological Economics*, No. 69, 2010.

Thur S. M., "Refining the using of habitat equivalency analysis", *Environ Manage*, Vol. 40, No. 1, 2007.

Tiquio M. G. J. P., Marnier N., Francour P., "Management framework for coastal and marine pollution in the European and South East Asian regions", *Ocean & Coastal Management*, Vol. 125, 2017.

Unsworth R. E., Bishop R., "Assessing natural resource damages u-sing environmental annuities", *Ecological Economics*, Vol. 11, No. 1, 1994.

Viehman S., Thur S. M., Piniak G. A., "Coral reef metrics and habitat equivalency analysis", *Ocean & Coastal Management*, No. 52, 2009.

Wallace R. L., Ricci C., Melonen G., "A cladistic analysis of pseudocoelomate (aschelminth) morphology", *Invertebrate Biology*, Vol. 115,

No. 2, 1996.

Woo J., Kim D., Yoon H. S., Na W. B., "Characterizing Korean general artificial reefs by drag coefficients", *Ocean Engineering*, Vol. 82, 2014.

后　记

　　我于 2018 年 12 月获得中国石油大学（华东）管理科学与工程博士学位。时光荏苒，回首博士求学的历程，感慨良多。在求学过程中深感知识海洋的无边无际，而本人只是沧海一粟；深感做研究的系统性和长期性，"路漫漫其修远兮，吾将上下而求索"。博士学位论文是一个系统的研究过程，既是对我学习成果的检验和专业素养的提升，也是宝贵的人生历练过程，其间有迷茫困惑，有踌躇满志，有阻滞不前，也有"拨开云雾见月明"的欣喜。在此，向那些在写作过程中给予我帮助的人表示深深的感谢！

　　首先，我要感谢我的导师高新伟老师。钦佩老师严谨求实的学术态度，孜孜不倦的学习精神，给我树立了良好的研究者典范。读博期间，感谢老师给予了我充分的选题自由，支持我继续选择从事生态补偿方面的研究。并且从论文选题到提纲完善，从开始写作到定稿，老师都给予了我耐心的指导。老师渊博的知识、深邃的思想、严谨的治学态度、踏实的工作作风，将使我受益终生。在此，让我向您表达我最真挚的敬意和最衷心的感谢！

　　同时，我还要感谢中国石油大学（华东）经济管理学院对我的培养。感谢周鹏教授、丁浩教授、王强教授、王凯荣教授、李光禄教授对我论文的指导和宝贵中肯的建议，使我的论文更加完善。还要感谢王芳芳、闫潇、梅洪尧、闫昊本、张晓艺等同事、学生和朋友在论文写作过程中给予我的帮助和支持。谢谢你们的无私帮助，与你们的交流和探讨，让我受益匪浅。值此论文完成之际，特向多年来在工作、学习和生活上给予我关心和帮助的老师、同事、朋友和家人表示衷心的感谢和最真诚的祝福。

最后，感谢我已故去的父亲，他一直要求我真诚做人和认真做事，我为此终身受益；感谢我年迈体弱多病的母亲在我读博期间帮我分担生活上的琐事和照顾我的孩子；感谢我的丈夫付殿岭，给了我很多时间上和精神上的支持，分担了照顾家庭的重任，让我能安心去做博士学位论文；感谢我的女儿付琳桐，她乖巧懂事，每每听我说要写论文，她会安静走开，期待我早日毕业能好好陪她。对孩子、对家人我既有深深的感恩，又有愧疚之情。这些年正是因为你们的默默陪伴、理解和支持、无私的爱与付出，给了我前进的无尽勇气和坚定信念。